# 直升机机载总线技术

滑朋杰 吴立勋 田 桂 翁兴国 编著

国防工业出版社
·北京·

# 内 容 简 介

为适应读者对机载总线技术学习的需要，本书对机载总线的基本概念、在直升机上的应用现状进行了系统讨论；对 RS-422A、RS-485、ARINC429、MIL-STD-1553B、AFDX、CAN 等总线进行了介绍。本书在讨论机载总线基本原理的同时，注重结合在直升机上的典型应用。

本书层次清晰、内容丰富、图文并茂，注重理论与实践的结合，适宜学生开展该领域内容学习。本书可作为直升机航空电子、火控工程等专业本科生教材，也可供相关专业科技人员参考。

**图书在版编目（CIP）数据**

直升机机载总线技术 / 滑朋杰等编著. —北京：国防工业出版社，2023.1
ISBN 978-7-118-12705-8

Ⅰ. ①直… Ⅱ. ①滑… Ⅲ. ①直升机-机载计算机-总线-高等学校-教材 Ⅳ. ①V275

中国版本图书馆 CIP 数据核字（2022）第 198599 号

※

国防工业出版社出版发行
（北京市海淀区紫竹院南路23号 邮政编码100048）
莱州市丰源印刷有限公司印刷
新华书店经售

\*

开本 787×1092 1/16 印张 10¼ 字数 230 千字
2023 年 1 月第 1 版第 1 次印刷 印数 1—1500 册 定价 58.00 元

（本书如有印装错误，我社负责调换）

| 国防书店：(010)88540777 | 书店传真：(010)88540776 |
| --- | --- |
| 发行业务：(010)88540717 | 发行传真：(010)88540762 |

# 前　言

当前，新型航空电子系统的突出特点表现为数字化、网络化和信息化，其目的就是实现资源共享与信息融合，机载总线技术是支撑实现这一目标的核心支撑技术，又被称为机载系统的"神经中枢"，从而使其成为当前航空领域研究的热点问题，主要涉及计算机网络、数字通信以及机载系统架构与应用设计等领域。

本书共分 8 章。第 1 章主要对比介绍了航电系统以及机载总线的发展历程，总结了机载总线在直升机领域的应用现状；第 2 章介绍了机载总线的相关基础知识；第 3 章对 RS-422A 和 RS-485 串行通信标准进行了较为全面的描述；第 4 章介绍了 ARINC429 数据总线的主要特性、信息格式、接口逻辑等；第 5 章介绍了 MIL-STD-1553B 总线的主要特性、硬件组成、协议要素、传输控制等；第 6 章介绍了航空电子全双工交换式以太网 AFDX 新型机载网络；第 7 章介绍了 CAN 现场总线的主要特点、网络参考模型、错误检测及处理等，同时介绍了基于 CAN 现场总线，补充应用层协议形成的 ARINC825 总线在航空领域的应用；第 8 章介绍了机载总线测试的相关内容，针对每种机载总线技术在直升机领域的典型应用进行了阐述。这些内容的有机结合，比较全面、系统地反映了直升机机载总线所涉及的技术原理，为后续专业课程了解和掌握直升机航空电子系统的动态工作原理提供了理论基础。

本书第 1 章、第 2 章由吴立勋编写，第 3 章、第 5 章、第 6 章由滑朋杰编写，第 4 章、第 8 章由田桂编写，第 7 章由翁兴国编写，全书由滑朋杰统稿。来国军、鞠艳秋、唐晓川、孙世霞、刘永新、薛洪熙、裴晓龙、刘波、张波、齐驰、张宏斌、张君、李春虹、李银云、马天牧等同志参与了本书的材料收集和整理及文字录入等工作，潜继成教授对全书进行了审定。本书在编写过程中，参考了大量相关文献资料，由于篇幅限制，未能一一列出，同时还得到了陆军航空兵学院、空军工程大学、西安航空计算技术研究所专家的大力支持，在此谨向文献作者和专家们表示诚挚谢意。

限于作者的学术水平，书中难免存在不足与错误之处，诚恳地希望读者批评指正。

编者

# 目 录

## 第1章 绪论 ... 1
### 1.1 航电系统发展演变 ... 1
#### 1.1.1 分立式航电结构 ... 1
#### 1.1.2 联合式航电结构 ... 2
#### 1.1.3 综合式航电结构 ... 3
#### 1.1.4 先进综合式航电结构 ... 5
### 1.2 机载总线概述 ... 6
#### 1.2.1 定义 ... 6
#### 1.2.2 典型机载总线技术 ... 7
### 1.3 机载总线技术在直升机上的应用 ... 8

## 第2章 机载总线基础知识 ... 10
### 2.1 数据传输分类 ... 10
#### 2.1.1 数据传输方式 ... 10
#### 2.1.2 数据传输模式 ... 11
#### 2.1.3 数据通信模式 ... 13
### 2.2 数据编码 ... 14
#### 2.2.1 归零码 ... 14
#### 2.2.2 曼彻斯特码 ... 15
#### 2.2.3 差分曼彻斯特码 ... 15
### 2.3 主要衡量指标 ... 15
### 2.4 检错与纠错 ... 17
### 2.5 拓扑结构 ... 18

## 第3章 RS-422-A/RS-485 总线 ... 21
### 3.1 概述 ... 21
### 3.2 RS-422-A 总线 ... 21
### 3.3 RS-485 总线 ... 23
### 3.4 典型应用 ... 27

## 第4章 ARINC429 总线 ... 29
### 4.1 概述 ... 29
### 4.2 主要特性 ... 29
### 4.3 信息格式 ... 33
#### 4.3.1 数据字结构 ... 33

|      |       | 4.3.2 数据字类型 | 35 |
| ---- | ----- | ---------------- | -- |
|      | 4.4   | 传输控制 | 41 |
|      |       | 4.4.1 传输过程 | 41 |
|      |       | 4.4.2 文件数据传输 | 41 |
|      | 4.5   | 接口逻辑 | 43 |
|      |       | 4.5.1 接口芯片 | 44 |
|      |       | 4.5.2 接口板 | 49 |
|      | 4.6   | 典型应用 | 52 |
|      | 4.7   | 俄制 ГOCT18977 标准 | 53 |
| 第5章 | MIL-STD-1553B 总线 |  | 56 |
|      | 5.1   | 概述 | 56 |
|      | 5.2   | 主要特性 | 57 |
|      | 5.3   | 硬件构成 | 59 |
|      |       | 5.3.1 终端 | 59 |
|      |       | 5.3.2 其他组成 | 60 |
|      |       | 5.3.3 拓扑结构 | 64 |
|      | 5.4   | 协议要素 | 66 |
|      |       | 5.4.1 命令字 | 66 |
|      |       | 5.4.2 数据字 | 69 |
|      |       | 5.4.3 状态字 | 69 |
|      | 5.5   | 传输控制 | 70 |
|      |       | 5.5.1 消息格式 | 71 |
|      |       | 5.5.2 异步通信 | 74 |
|      |       | 5.5.3 跨总线通信 | 75 |
|      |       | 5.5.4 大周期和小周期传输 | 77 |
|      |       | 5.5.5 异常处置策略 | 78 |
|      | 5.6   | 接口逻辑 | 81 |
|      |       | 5.6.1 基本功能 | 81 |
|      |       | 5.6.2 SMC 的 1553B 接口 | 81 |
|      |       | 5.6.3 DDC1553B 接口 | 83 |
|      | 5.7   | 典型应用 | 87 |
| 第6章 | 航空电子全双工交换式以太网 |  | 89 |
|      | 6.1   | 以太网基础知识 | 89 |
|      |       | 6.1.1 物理层 | 89 |
|      |       | 6.1.2 介质访问控制方法 | 90 |
|      |       | 6.1.3 帧结构 | 90 |
|      |       | 6.1.4 拓扑结构 | 92 |
|      | 6.2   | AFDX 概述 | 94 |
|      | 6.3   | AFDX 硬件组成 | 95 |

   6.3.1 AFDX 端系统 ·············· 95
   6.3.2 AFDX 交换机 ·············· 97
   6.3.3 AFDX 传输链路 ·············· 98
   6.3.4 拓扑结构 ·············· 98
  6.4 AFDX 帧格式 ·············· 99
   6.4.1 AFDX 帧构成 ·············· 99
   6.4.2 MAC 帧格式 ·············· 99
   6.4.3 IP 数据包格式 ·············· 100
   6.4.4 UDP 数据报格式 ·············· 101
  6.5 AFDX 工作机制 ·············· 101
   6.5.1 相关特性参数 ·············· 101
   6.5.2 虚拟链路机制 ·············· 102
   6.5.3 静态路由表 ·············· 103
   6.5.4 流量整形机制 ·············· 103
   6.5.5 完整性检查与冗余管理机制 ·············· 104
  6.6 AFDX 传输过程 ·············· 105
   6.6.1 通信端口 ·············· 106
   6.6.2 发送过程 ·············· 106
   6.6.3 接收过程 ·············· 107
  6.7 典型应用 ·············· 108

**第 7 章 CAN 总线** ·············· 109
  7.1 CAN 总线概述 ·············· 109
  7.2 CAN 总线的特点 ·············· 110
  7.3 CAN 总线网络参考模型 ·············· 110
   7.3.1 物理层 ·············· 111
   7.3.2 数据链路层 ·············· 116
   7.3.3 帧结构 ·············· 117
   7.3.4 错误检测及处理 ·············· 123
  7.4 CANareospace ·············· 124
   7.4.1 CANareospace 特点 ·············· 124
   7.4.2 协议介绍 ·············· 125
  7.5 ARINC825 总线 ·············· 128
   7.5.1 ARINC825 总线特点 ·············· 128
   7.5.2 协议介绍 ·············· 129
  7.6 典型应用 ·············· 136

**第 8 章 总线测试系统** ·············· 137
  8.1 测试目的 ·············· 137
  8.2 主要测试内容及方法 ·············· 137
   8.2.1 电气性能测试 ·············· 137

  8.2.2 噪声抑制测试 ········ 138
  8.2.3 协议验证测试 ········ 138
  8.2.4 故障注入测试 ········ 138
 8.3 测试流程 ············ 138
 8.4 关键技术 ············ 139
  8.4.1 故障注入 ············ 139
  8.4.2 通用 ICD 数据库设计 ········ 141
 8.5 总线测试系统分类 ········ 143
 8.6 总线测试系统设计 ········ 143
  8.6.1 系统架构 ············ 143
  8.6.2 专用总线测试系统 ········ 145
  8.6.3 通用总线测试系统 ········ 150

**参考文献** ···················· 154

# 第1章 绪 论

机载总线作为信息传输与资源共享的公共通路，是直升机航电系统综合化的关键技术之一。依托于机载总线技术，直升机航电系统搭建起以信息共享为目的的机载网络平台，进而为各航电系统的信息处理与融合奠定基础，由此机载总线技术已经成为间接反映直升机航电系统性能的重要指标。现代直升机对机载总线的性能提出了越来越高的要求，机载总线的性能、传输协议和系统结构都在发生着深刻的变化。目前，已经投入使用的机载总线主要有 ARINC429、HSDB、MIL-STD-1553B、MIL-STD-1773、LTPB、AFDX、FC 等类型。

## 1.1 航电系统发展演变

国际上对于航电系统结构发展阶段划分普遍采用美国的界定标准，即"分布式、联合式、综合式、先进综合式" 4 个发展阶段。而航电系统每个发展阶段都有相应的机载总线技术与之对应，并且随着需求的升级，在"满足需求"与"不满足需求"的变化中不断循环、更迭、演进，与航电系统发展相互促进，一路同行。所以，我们依然选择从分析航电系统结构演变过程出发，来谋求对机载总线技术重要地位作用的正确认识和理解。

### 1.1.1 分立式航电结构

20 世纪初，载人飞行和无线电技术同时萌芽，1939 年西科斯基首飞第一架实用型直升机，直至 20 世纪 70 年代航空和电子学发展到相当成熟的程度，航空电子系统一直处于分立式阶段，如图 1-1 所示。分立式阶段也由于数字技术的产生而前后细化为分立式模拟与分立式数字两个进程。

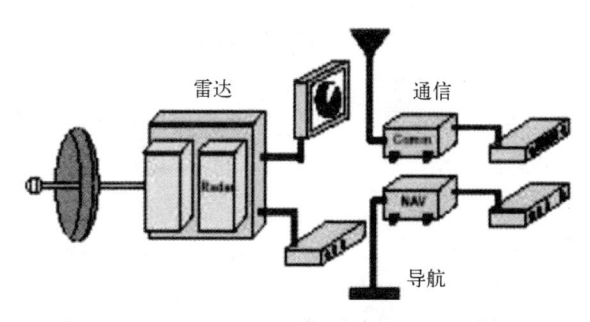

图 1-1 分立式航电结构图

分立式模拟结构中，每个子系统都有各自的传感器、控制器、显示器甚至自己的专用的计算机，座舱设备采用在空间占据一定位置的方式进行安装，并永久占据所分配的空间，属于典型的空分制座舱。在人类实现飞行的初期，分立式模拟结构提供了基本的飞行参数信息辅助飞行员飞行。分立式模拟结构从功能设计、物理实现到使用界面都是独立的，直升机航空电子设备的总功能就是各个设备系统的简单累加，因此分立式模拟结构不是真正意义上的航空电子系统，这种结构突出缺陷是可移植性差、灵活性差，难以实现系统之间的大量信息交换，需要通过硬件更改来实现任务升级和功能拓展。随着对飞行安全要求的不断提高以及航空器应用场景的进一步扩展，座舱设备数量相应增加，以使飞行员掌握更加全面的飞行参数，当空间不能满足需求时，人们就必须考虑用另外一种方式解决座舱设备布局问题。

分立式数字结构是在数字技术出现并广泛应用的背景下发展的。20 世纪 60 年代数字计算机开始尝试用于机载导航和火控计算，而其他子系统，如雷达、惯导、自动驾驶仪一般还是模拟式的，所以都要通过模/数转换与中心计算机进行接口，计算结果还要通过数/模转换再送往显示和控制系统，在信息链路的最后环节形成资源共享，这种结构的可靠性低，精度差；到 20 世纪 80 年代，大多数航电系统都采用了数字处理方式，系统之间的通信开始应用点到点的总线技术构建数字化交联的航电架构，在此基础上，出现了以显示控制计算机、任务计算机为核心设备，接收各系统传送过来的信息，进行解算、融合、处理后送至显示器这样一个完整的数字化人机接口系统。典型机载总线技术为 ARINC429，虽然该总线主要应用在民用航空领域，但在相关军用直升机、军用飞机上也有一定应用。运用机载总线作为数据公共通路，为数据向人机界面的聚集提供了基础，也有力推进了"时分制"座舱仪表的发展进程，即能够利用少数几个显示器，在不同时间根据需要显示的内容，飞行员利用输入设备实时调出页面信息，实现"分时共享"。

机载总线技术的出现为航电系统之间的信号传输提供了很大的机动性，同时使得航电系统在组成结构上减少了大量的内部单元配线和多插座连接器，减少了导线成本，以及减少了生产、安装、维护导线不断投入的费用。虽然早期数字系统的开发和维修并不容易，但其应用还是给系统的精确性和性能带来巨大改善，且大大减少飞行器上的配线。在 ARINC429 总线系统中，即使设备之间单链路连接出现故障，也不会导致整个系统无法运行，不过在后期，受限于单工传输和速率限制，为系统增加附加单元还是很困难。

### 1.1.2 联合式航电结构

20 世纪 70 年代初，美国空军莱特实验室（Wright Laboratory）提出了"数字式航空电子信息系统"（Digital Avionics Information System，DAIS）计划，该计划在航空界获得了巨大成功，从 70 年代中期至 90 年代主导了航空电子系统集成模式。其要点是在航空电子系统中采用标准多路传输数据总线（MIL-STD-1553）、标准机载计算机（MIL-STD-1750A）；设计目标是通过采用集中控制、分布处理、综合显示与控制等方式，实现信息综合利用和资源共享，解决系统功能和处理能力的综合问题，另外还具有功能与结构上的可扩展能力。

通信、导航、识别、探测和飞行控制等功能子系统中的信息处理和操作由标准的机载计算机完成，各子系统都作为功能部件（也称"黑箱"）连接到多路总线上，实现了系统之间的信息共享，并且大大简化了设备间的连接，进一步减小了电缆重量和体积；显示和控制的信息通过数据总线与各子系统进行交换，直升机、武器系统及机载传感器主要由驾驶杆、总距杆、脚蹬、多功能键盘、多功能显示器周边键等输入设备进行综合控制，所有信息都由一个平视显示器和几个多功能显示器等输出设备综合显示，从而实现综合显示与控制，这样的改变大大减轻了飞行员的负担，简化了系统设计，并通过信息共享，提高了系统的性能。这种以多路总线和综合显示控制为标志的航空电子系统称为联合式航空电子系统，典型系统结构如图 1-2 所示，也被认为是第二代航空电子系统。联合式航空电子系统不仅仅在航空领域获得广泛应用，而且作为一种有效的电子系统集成方法广泛应用于航天、船舶和陆地战车等运动平台电子系统中。联合式航电结构的综合化程度相对于分立式航电结构显著提高，突出特点就是各机载设备采用专用计算机主要完成自身的信号处理与数据处理，它们与显示控制处理机（任务计算机）联合起来共同完成信息的显示，显示实时性进一步增强，显示内容也更加丰富。

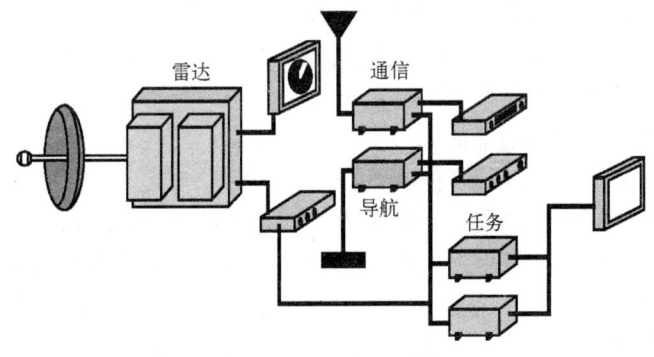

图 1-2 联合式航电结构图

尽管联合式航电结构解决了部分信息共享和显示控制综合的问题，随着航空电子系统进一步复杂化，联合式航空电子系统也表现出明显的局限性，突出表现在以下方面：

（1）机载计算机的大量使用，各子系统仍然使用专用的硬件和软件资源，分散设置，分散处理，造成了一定的资源浪费。

（2）仅对显示和控制进行了综合，综合化程度较低。

（3）数据总线带宽不足，MIL-STD-1553B 总线速率为 1Mb/s，不能满足新的系统信息传输要求，而只适用于飞行参数和基本控制指令的传输。

（4）系统通过总线控制器集中控制，缺乏系统控制上的健壮性。

（5）需要外场、内场和车间三级维修支持，在整个系统生命周期中造成大量附加成本。

### 1.1.3 综合式航电结构

20 世纪 80 年代，随着航空电子系统的发展，特别是联合式自主综合功能部件的增加，航空电子系统所接收和产生的信息种类和数量不断增加，飞行员作为信息的接收者、处理者、决策者，工作负担逐渐加大，客观上急需提升系统整体的信息处理能力，而且可靠性和成本也逐渐成为航空电子系统成败的重要因素。80 年代末，美国空军莱特实验室提出了"宝石柱"（Pave Pillar）计划，该计划旨在为先进战术和战略飞行器定义和建立综合航空电子系统结构，并于 1987 年 1 月由美国军方发表了《"宝石柱"航空电子系统结构规范》，提出了现场可更换模块（LRM）的概念，探索了多处理、多任务和实时重构的硬件和软件实现，包括超高速集成电路（VHSIC）的航空电子处理模块（VAMP）、高速数据总线（HSDB）、系统海量存储器（SMM）和航空电子实时操作系统。同时，制定了并行总线接口（PI 总线）、高速数据总线（HSDB）和测试与维护总线（TM）和 3/4ATR 机箱模块等规范，来支持"宝石柱"计划的工程应用。1992 年发表了"宝石柱"计划实验室最终研究报告，研制工作验证了综合航空电子系统结构，并在美军 RAH-66 直升机、空军 F-22"猛禽"战斗机、海军 A-12 攻击机上获得应用。

"宝石柱"计划的重要意义在于迈出了航空电子功能综合的第一步。在综合式航空电子系统中，航电功能开始从"纵向"划分转变成"横向"划分，提出了功能区的概念，打破了传统电子系统的物理界限，物理形式不再是区分具体功能系统的唯一标志。功能区由面向任务子系统（如雷达、惯导、火控等子系统）的功能综合发展为面向 4 个功能管理区（传感器、数字信号处理区、飞行任务管理和飞行器管理）的高级综合系统，其中传感器区涵盖了雷达、通信、导航、识别和电子战等传感器及其信号的预处理；数字信号处理区完成各传感器数据信号的综合处理及视频信号处理；任务管理区用于目标捕获、火力控制和外挂管理等功能的综合处理；飞行器管理区包括飞行控制、推力控制、电气和通用环境控制等功能的综合控制管理。

综合式航电结构提出了通用综合处理机（Common Integrated Processor，CIP）概念。通用综合处理机通常以外场可更换模块（LRM）的形式安装于 2 个或 3 个以上的综合机架中，各模块安装在母板上，通过 PI 总线和 TM 总线互连，通过网关和光纤高速总线实现连接多个机架和系统共享的大容量存储器。传感器和座舱控制显示设备通过光纤连接到综合机架的相应 LRM 上，其他如通用设备管理、飞控、悬挂物管理等，通过 MIL-STD-1553B 总线连接到综合机架上。

综合式航电结构实现了航电系统的分布式控制与分布式处理（图 1-3），消除了可能存在威胁整个系统生存的单点故障。所采用机载数据总线的典型代表为线性令牌传递总线（LTPB）和光纤分布式数据接口（FDDI），数据传输速率不低于 50Mb/s，实现了包括多媒体数据在内的类型更加丰富的数据传输能力。传输介质逐步由电缆演变为光纤，可以减少体积、质量、功耗，增加对电磁干扰（EMI）的抗干扰能力以及满足高带宽传输要求。同时，网络可容纳的节点数量也大幅增加。值得注意的是，在 20 世纪 90 年代空中客车公司通过 A380 飞机数据网络的研制推出基于 IEEE802.3 的以太网技术，即航空电子全双工交换式以太网（AFDX），传输速率达到 100Mb/s。当前世界范围内已有多种型号直升机实现了综合化航电结构设计。

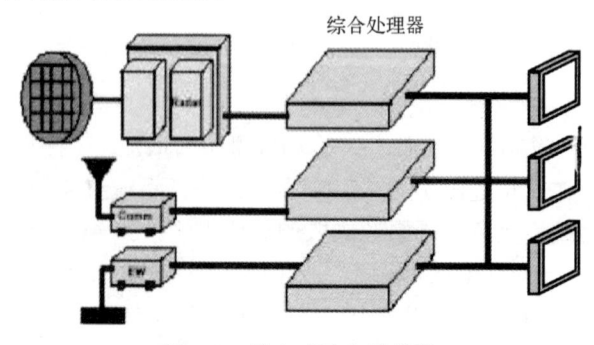

图 1-3 综合式航电结构图

### 1.1.4 先进综合式航电结构

20世纪90年代，美国先后提出了"宝石台"（Pave Pace）计划和联合先进攻击技术（JAST）计划，并由此揭开了先进综合式航电结构的开端。先进综合式结构（图1-4）主要解决航空电子系统在性能、成本和可用性等方面的挑战。该结构运用统一机载网络互连技术实现航电系统综合。

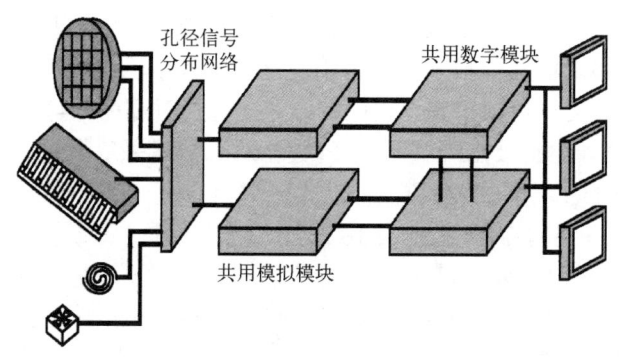

图1-4 先进综合式航电结构图

"宝石台"计划（图1-5）的设计目标是：采用综合核心处理机（ICP）技术，ICP与传感器、飞行器管理系统（VMS）、外挂物管理系统以及ICP模块与模块之间的数据交换通过统一的高速率光交换系统，使飞机上各个系统处于同一个多处理网络中；取消了4个功能区和数据分配/交换网络，从而使系统结构更加紧凑；具有更广的综合范围和更深的综合深度，实现了综合传感器系统、综合飞行器管理系统和综合外挂系统。传感器在整个航空系统中，占有极大的比例，因此，综合传感器系统是下一代航空电子系统最主要的改变。尤其近年来，人工智能、神经网络等技术作为"宝石台"计划提高作战效能的重要技术措施，为飞行员提供了更加集成高效的座舱人机接口，提供威胁目标、地形/地貌、战术协同和飞机完好状况的全面报告，使作战过程自动化。

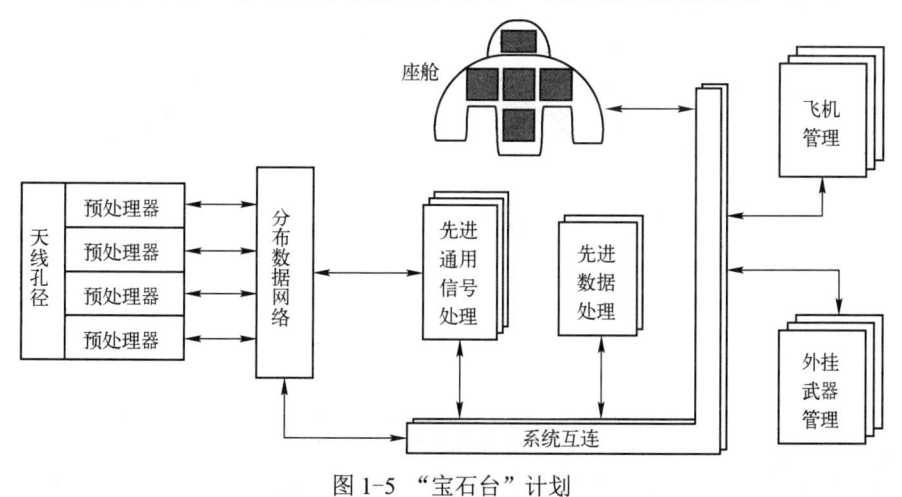

图1-5 "宝石台"计划

美国海军、空军经过两年多时间广泛调研，1994年8月由航空电子综合产品专家组（IPT）制订完成JAST计划。其目的：一是对JAST航空电子系统制造风险进行论证、分析和系统模块化设计；二是当各模块发展成熟时，建立整个航空电子系统模块，以满足各种特殊平台的需要。JAST 计划主要特点是：强调可负担性，采用开放式系统结构和商用技术，以提高系统的可靠性、维修性、可支持性。利用先进的面向组件和开放式处理等软硬件信息结构，使处理机内部各组件更紧凑，更便于信息共享。采用统一航空电子网络"微小型一体化"的通用接口方法，实现多种总线接口的统一，最终实现航空电子系统的综合，突破数据传输瓶颈，并能够广泛支持嵌入式检测、故障隔离和系统重构。支持通用性、互用性技术，尽量减少专门处理模块，使系统更加开放。传感器综合功能包括传感器管理和多功能孔径技术，先进的信息管理包括机载和机外陆海空天多平台数据源的信息融合，以支持目标识别、精确制导和飞行员对环境态势的正确理解。

美国 JSF 联合攻击机（JSF）项目上的数据总线技术采用了统一航空电子互连网络（Universal Avionics Network，UAN）结构。统一航空电子互连网络将部分甚至全部取代 F-22 中功能单一的互连网络，取代 1553B 总线，确保命令、控制消息的实时传输，替代测试维护总线，以实现对模块和互连接口的测试和查错，还可将高速数据总线、传感器数据分配网（SDDN）、数据交换网（DN）和视频数据分配网（VDDN）统一起来。航空电子系统数据通信不再需要通过专用的接口模块（网关或网桥），消除了通信瓶颈，提高了数据传输效率，统一航空电子互联网络不但交联了同一机箱内的各模块，而且向前连接到传感器区，向后连接到座舱及飞行管理区和外挂管理区，这样使处于不同物理位置的模块间的信息传输时间达到同一量级。

统一航空电子互连接口支持共享内存体系结构，因而具有非常低的延迟特性，满足高实时性要求，并可支持并行处理，使得航空电子系统性能更强。在高性能的应用中，机载软件的设计更灵活简单，统一航空电子互联网络具有极强的容错和重构能力，保证互联网络的自动诊断、自动报警、自动恢复，甚至可以保证系统中某节点有故障时，可自动诊断、自动退出，进行系统重构。IPT 小组经过机载总线特性的综合评定，将光通道（FC）和可扩展一致性接口（SCI）作为 JSF 统一互联网络的选择方案，这两种数据总线的数据传输速率达到 1Gb/s。

图 1-6 所示为航电系统与机载总线技术对照图。

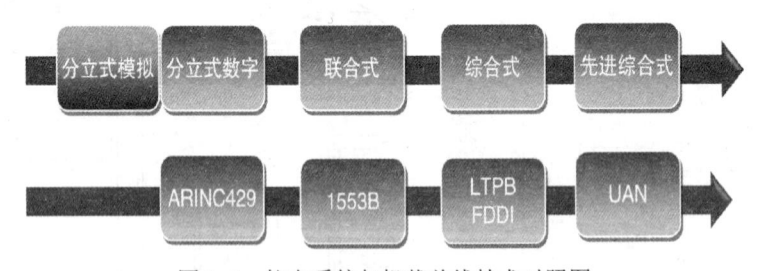

图 1-6 航电系统与机载总线技术对照图

## 1.2 机载总线概述

### 1.2.1 定义

总线（Bus）是多个部件之间公用的一组连线，一些数据源中的任何一个都可以利用总线传送数据到另一个或多个目的地。在计算机中，各个部件正常操作所需要的条件很相似，所需的一些信号甚至是相同的。例如，它们都需要地址信号，以确定本部件是否应进行操作。这就为采用公共连线传送相同的信号创造了条件。计算机中的总线按传递信号的性质进行命名，如传送地址信号的地址总线、传送数据信号的数据总线、传送控制信号的控制总线，它们统称为计算机的三大总线。

总线除了硬件设备外，还包括软件，硬件就是物理线路本身以及所属相关通信硬件，软件是总线的协议以及依据协议而编制的用于控制数据传输的程序软件。从不同角度出发可以划分为多种类型的总线。总线依据不同结构，可以划分为单总线和多总线；根据所处的位置划分为片级总线、内部总线、外部总线 3 个层次，外部总线又称通信总线，指实现系统或设备间互联的总线，本书所讨论的总线均为外部总线。

机载总线技术是指机载设备、子系统直至模块之间的互联技术，其功用被描述为现代航空电子系统的"骨架"和"神经"。狭义上理解，机载总线就是航电系统内部以及系统之间信息传递的公共通路，对在该线路上传输的信息格式、电气以及机械特性进行严格规定，从而将生产厂商制造的各种型号的设备用一束标准线路连接起来，通常包括电缆、光缆，以及连接设备和线路的连接器、耦合器等部件。广义上理解，它是一种实时机载网络互联技术，在网络中的电子设备可以进行有序的信息传输，并实现资源的实时共享。

机载总线与机载网络的区别在于在多节点的互联系统中，在同一时刻，机载总线只允许一个节点占有传输介质进行通信，如 ARINC429，而机载网络则允许多个节点同时实施通信，如 AFDX。但在实际应用过程中，却没有对二者进行严格界定，机载总线、机载网络被看作同一概念，我们倾向于用机载总线来表达。

作为机载计算机互联技术，机载总线有别于一般的计算机网络，因为一般的计算机网络是要解决用户对网络资源的共享，其主要目的是试图摆脱地理上的约束，解决通信容量和负载均衡问题。而机载计算机网络，除了各个计算机都嵌入电子子系统之中这点外，它既要满足各个功能子系统的实时性要求，还要通过信息交联达到功能综合的目的。它十分注重通过严格的故障检测和提供可代替资源（软件和硬件的冗余度）以达到高可靠性和容错能力。

### 1.2.2 典型机载总线技术

机载总线如同直升机的"中枢神经系统"，给直升机的航电系统体系结构带来革命性的变化，机载总线技术的先进与否已成为衡量现代直升机航电系统性能的重要标志之一。目前，机载总线的应用领域已经扩展到舰船、卫星、导弹和坦克等各种机动平台上。

20 世纪 70 年代，美国军方通过数字计算机实现了第一个军用数据总线标准，MIL-STD-1553，即"飞机内部时分制指令响应式多路传输数据总线"，同一年代又出现了 ARINC429 总线标准。其中 MIL-STD-1553 总线标准具有更浓的军事色彩，该总线标准在军用航空领域应用广泛，而 ARINC429 总线的应用则更多地倾向于民用航空领域。

事实上，在不同工业领域存在着不同种类的总线，如计算机中的 PCI 总线标准、USB 总线和 RS-232 串口总线标准，工业控制领域有 CAN 总线标准，主要用于汽车制造、机床等。机载总线技术经历了多年发展，也出现了许多种类，其性能指标也越来越先进，传输性能大大增加，量级从最初的 kbit 发展至 Mbit、Gbit，从结构上支撑了航电体系的发展变化，为航电系统升级发展提供了强有力保证。

两者之间的发展是相辅相成的，相互影响、相互借鉴。例如，机载总线与计算机总线技术中就都存在 RS422/RS485 总线、CAN 总线，且很多机载设备上也都预留了 RS-232 接口作为地面检测设备的通信接口。但是机载总线相对于其他总线技术更加注重实时性和可靠性。它所应用的技术不一定是最先进的技术，但一定是最为可靠、最为成熟的技术。如 ARINC429 总线是 20 世纪 70 年代出现的总线技术，但是它一直应用至今，这就是因为它满足飞行基本需求的同时，具有了非常高的可靠性，系统架构清晰、控制简单。另外，就是更加注重传输实时性，尽可能缩短传送延迟，这一点机载总线与工业过程控制中的现场总线技术相似。

## 1.3 机载总线技术在直升机上的应用

自从西科斯基发明第一架直升机以来，人们就努力通过各种手段获取更多的相关信息来保证直升机的飞行安全。越战期间美军首次在"黑鹰"直升机加装加特林机枪，从而开启直升机的作战应用，这样就要求飞行员掌握更加全面的信息来为遂行作战任务提供支持，"自己怎么样"已经远远不能满足要求，需要知道更多的"对方怎么样""友邻怎么样"，而机载总线技术正是信息传输与显示的媒介基础。

欧洲阿古斯塔·维斯特兰研制的 EH101 直升机，又名"灰背隼"，设置先进的航空电子设备，以 MIL-STD-1553B 总线为组网手段，设置为双余度，将飞行管理系统、作战管理系统和其他航电设备紧密互联，融合为一个有机整体。

贝尔公司研制的 OH-58 系列轻型武装侦察直升机，绰号为"基奥瓦勇士"，其电子系统在 20 世纪 80 年代中期是世界军用直升机中最先进、功能最齐全的，能够有效减轻飞行员负荷，增加执行任务的效率。该系统主要包括两个主控制器/处理器单元，采用 MIL-STD-1553B 数据总线与其他主要子系统相连接，如姿态方向参考系统、ASN-137 多普勒速率测量系统、桅顶瞄准具、自动目标信息数据链系统 ATH 等。

"黑鹰"系列多用途直升机由西科斯基公司生产，在全球范围内深受市场青睐，在全球现役军用直升机的服役数量占比达到 19%，排名第一。其中 UH-60M "黑鹰"多用途直升机于 2000 年首飞，航电方面的改进包括采用双冗余的 MIL-STD-1553B 数据总线实现航电系统的数字化整体交联；具有 4 个多功能显示器的玻璃座舱；设计有改进型数据调制解调器，使其可以联入"战术互联网"；配备数字地图系统、GPS 惯性导航系统、计算机任务规划系统以及改进了的 AFCS 飞行控制系统。

BK117M 是由原 MBB 公司（现欧洲直升机公司）单独研制的多用途军用直升机。1985 年在巴黎航空展览上首次展出。BK117M 采用与 BK117A-3 相同的机体和动力装置，与 BK117A-3 不同之处在于采用一个新的高架滑橇式起落架，以提供机身下方可容纳一挺 12.7mm 布朗宁自动机枪和 450 发子弹的卢卡斯转塔的空间。使用双冗余的 MIL-STD-1553B 数据总线，多功能驾驶舱显示配备拉卡尔公司的 RAM300 系列电子管理系统。

NH-90 直升机最初由英国、法国、德国等北约国家联合研制，以 MIL-STD-1553B

总线为核心构建机载网络平台，具有整合紧密、信息融合能力强、维护升级简便等特点。座舱里有 5 台 203mm×203mm 的彩色多功能液晶显示器，用于显示飞行、任务系统和维修数据等信息，其中 4 个显示器主要用于显示作战任务信息，另一个一般用于显示飞行控制系统输出的信息。

科曼奇直升机（RAH-66）是美国波音公司研制，计划服务于美国陆军的新一代侦察武装直升机，直升机家族中第一种隐身直升机，也是全球第一种集完全数字化、隐身、部分智能化于一身的直升机。虽然美国陆军最终于 2004 年宣布中止"科曼奇"计划，但经过近 20 年的研制与试飞，科曼奇二号原型机开发应用的诸多新技术对其他直升机均产生了有益作用。科曼奇采用 HSDB、极高速光纤总线和 MIL-STD-1553B 总线技术构建极高速数据分布互联系统，3 类总线互为备份。

贝尔 412 型直升机为多桨叶旋翼直升机，双发动机配置，广泛应用于紧急医疗服务、海上石油钻井平台等通用航空领域。贝尔 412 直升机选用 ARINC429 总线实现了部分航电系统的交联。主要是以无线电高度表、大气数据计算机、姿态方向参考系统为发送器，以相关航电系统为接收器组成的 ARINC429 总线链路，每条链路又按位置区分为左右两条；另外，该型直升机的 DCP 通过 RS-422 总线分别与多功能显示器、前视红外探测仪实现交联。

随着新型直升机航电系统综合化程度的不断提升，数据传输在量级上大幅增加，航空电子全双工交换式以太网和光纤通道等新型机载总线技术开始出现并逐步应用于直升机领域。目前，大多数直升机的常见机载总线架构为多种总线技术并存的形式。

# 第2章 机载总线基础知识

## 2.1 数据传输分类

### 2.1.1 数据传输方式

数据传输方式按一次传送的数据位数可分为并行传输和串行传输。

**1. 并行通信**

并行通信就是数据以成组的形式在多根传输线上同时从发送端（源端）传送到接收端（目的端）。例如：采取 8 条线路可一次性并行传输一个字节数据，如图 2-1（a）所示。并行通信的特点是：控制简单，传送速度快，传输线多，通信成本高，特别是随着通信距离的增加，通信成本和可靠性将成为最突出的问题。因此，并行通信适用于近距离、高速数据传输的场合。

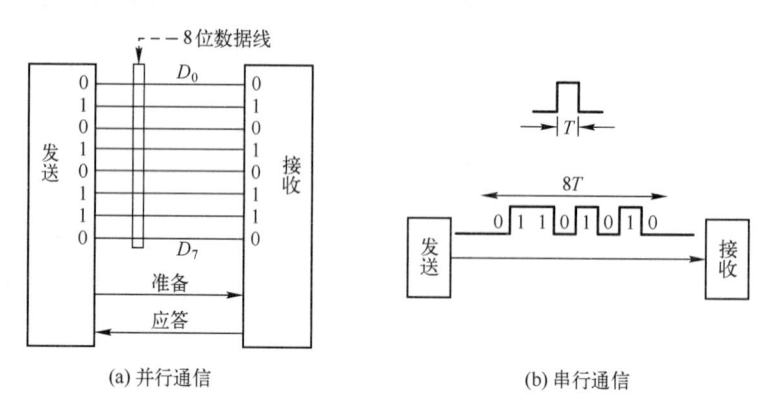

(a) 并行通信　　(b) 串行通信

图 2-1　并行通信与串行通信示意图

**2. 串行通信**

串行通信就是数据的所有二进制位在一根传输线上从低位到高位逐位顺序传输，如图 2-1（b）所示。当通信双方距离较远时，一般采用串行通信方式，计算机与串行外设（如鼠标、键盘等）之间以及实时多处理机分级分布式控制系统中各 CPU 间都采用串行通信模式交换数据。串行通信的特点如下：

（1）通信距离远，通信成本低。由于通信过程只需一根传输线，通信成本较低，尤其在远程传送时更为明显。

（2）串行通信可以方便地利用已有的现代通信技术和设备（如市话系统），使计算机技术与通信技术密切结合，促使数据通信和计算机网络技术的发展。

（3）串行通信要求数据有固定格式，通信过程的控制要比并行通信复杂得多。串行通信时信息在一根通信线上传送，不仅要传送数据信息，还要传送联络控制信号。为了区分传输线上串行传送的信息流中哪个是数据，哪个是联络控制信号，就引出了串行通信中的一系列约定，也称通信规程或通信协议，如数据格式、传输速度、同步模式、差错校验模式、传输控制步骤等。

（4）串行通信的速率较低。首先原 8 条线的信息用 1 条线传输；其次传输过程要加入很多的控制信息，当传输线的传输速率一定时，串行通信的速率要比并行通信低，因此串行通信适合于远程、传输速度要求不高的场合。

由于计算机是并行操作的系统，内部总线传输的数据都是并行的。因此，在串行通信时发送端必须先将总线上的并行数据变换成串行数据，然后才能一位一位地串行发送出去；相应地在接收端对接收到的串行数据必须通过转换接口变换为并行数据才能供计算机内部进行处理。

### 2.1.2 数据传输模式

机载设备之间通常并不采用并行通信，而是采用串行通信方式，数据的同步问题是串行通信方式要解决的核心问题。通信过程中，数据在一条总线上以数据位为单位按时间顺序逐位传送，接收端必须做到正确按位区分，否则可能出现一个字符在被分解成二进制位进行传送后，在接收端会因某种原因发生错位，从而导致后续字符连锁错位，最终无法还原真实数据单元。按照使用时钟信号方式的不同，区分为同步模式（Synchronous）和异步模式（Asynchronous），也称同步通信和异步通信。

**1. 同步通信**

同步通信模式是指通信双方使用同一个时钟信号控制数据的发送和接收，该时钟不仅对一个字符中的各位进行定时，而且也对字符之间进行定时。同步串行通信中的数据格式如图 2-2 所示。它把要传送的字符按顺序地连接起来，构成一个数据块。为保证同步，在数据块的前面用同步字符，末尾用两个校验字符作为差错控制和数据传送结束标志。同步通信是面向帧结构的同步方式，一帧信息从头至尾不间断，对同步要求严格。

| … | $SYN_1$ | $SYN_2$ | 数据1 | 数据2 | … | 数据n | $CRC_1$ | $CRC_2$ | $SYN_1$ | … |

同步字符　　　　数据块　　　　校验字符

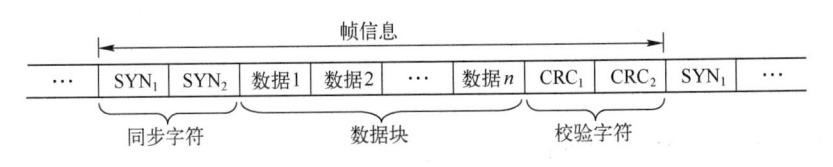

图 2-2　串行同步通信数据格式

同步字符、数据块、校验字符共同构成一个数据帧。同步通信的校验采用 CRC 校验算法来应对长度较长的帧结构传输方式。

同步通信时，发送端总是在发送数据信息之前，先发送同步字符去通知接收端，而接收端接收时，总是先搜索同步字符，只有在搜索到同步字符后，才能开始数据的传送。同步通信具有以下特点：

（1）以同步字符作为传送的开始。
（2）每一数据位占用相等的时间，即同步传送时不仅字符内各位之间是同步的，字符与字符之间也是同步的。

（3）数据成批连续发送，字符之间不允许有间隔，当线路空闲或在发送数据过程中，出现没有准备好发送数据的情况时，发送器用发送同步字符来填充。

（4）发送端在发送数据的同时，还要以某种模式将同步时钟信号也发送出去，接收端用此时钟来控制数据的同步接收。发送同步时钟，当距离较近时可用单独的信号线来传送时钟，当远距离通信时，通常是在发送端通过编码器将时钟和发送数据一起编码，接收端再通过解码器将时钟分离出来，以作为接收时钟。所以同步通信的硬件和控制要比异步通信复杂。

（5）同步通信的传输速度快，通信效率较高。同步通信时以数据块为单位，附加的非数据信息总量少（仅有同步字符和校验字符）。

**2. 异步通信**

异步通信模式是指通信双方使用各自的时钟信号，而不是使用统一的时钟来控制工作。双方的时钟频率允许有一定的偏差范围，但应尽量保持一致。异步通信以字符为单位，字符是一个一个地传输，字符与字符之间的间隔是任意的，而每个字符中的各位是以固定的间隔传送。因此，异步模式中同一字符内的各位是同步的，而字符之间是异步的、随机的。

为了实现异步传送的数据字符同步，在数据格式中采用设置起始位和停止位的办法来实现同步，异步通信中所采用的数据格式如图 2-3 所示。异步通信中一帧信息通常由起始位（1位）、数据位（5~8位）、奇偶校验位（1位）和停止位（1位、1位半或2位）共四部分组成。

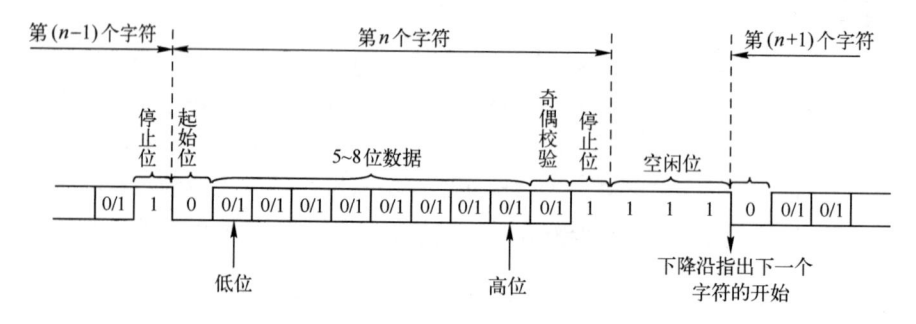

图 2-3 串行异步通信数据格式

起始位必须是一个位宽度的低电平（逻辑值 0），其作用是通知接收方传送开始，紧接着是数据位。

数据位常为 5~8 位，具体为多少位由软件确定。数据位紧跟在起始位之后，是传送的信息主体，传送时低位在前，高位在后。

奇偶校验位仅占 1 位，其取值可以是 0 也可以是 1，该位可使数据位包括校验位在内"1"的个数为奇数或偶数，以便进行错误检测，也可以不设校验位。

停止位可为 1 位、1 位半或 2 位，具体由软件确定。停止位一定是高电平（逻辑值 1），它标志着一个数据字符的结束。

异步通信的过程如下：

传送前，收发双方必须首先确定数据格式（包括数据位数、奇偶校验，以及停止位位数）和数据传输速率，即比特率（每秒传送的二进制位数）。

传送开始后，发送端在发送每个数据字符前首先发送一个起始位，作为接收该字符的同步信号，然后发送有效数据字符和校验位，在字符结束时再发送停止位，停止位后面是若干空闲位。停止位和空闲位必须是高电平，这样，就可保证在起始位的开始处一定有一个下降沿（图2-3），以作为起始检测标志。传送开始后，接收端不断检测串行传输线上的电平变化。当接收端检测到一个下降沿时，便知道起始位出现，经确认后，就开始接收数据位、校验位和停止位；当检测到停止位时，便知一个字符传输结束了，接收端对数据按规定格式进行处理，去掉校验位、去掉停止位再进行串/并转换，变为一个并行的字节数据后才算正确地接收完一个字符。再经过一段随机的空闲位之后，又开始新的字符传送过程，直至全部字符传送完毕。

由上述工作过程可知，异步通信是以字符为单位传送，每一个字符用起始位来检测收发双方的同步，在数据位的后面附加停止位和空闲位来作为通信双方时钟频率偏差的一种缓冲；这样，即使双方时钟频率略有偏差，总的数据流也不会因偏差的累积而导致数据错位。所以，异步串行通信具有较高的可靠性。然而，在异步通信时，由于要在每个字符的前后都要附加起始位、停止位等附加信息，显然会增加网络开销，通信传输效率受到一定影响。

### 2.1.3 数据通信模式

在串行通信中，信息在两个节点（如计算机和终端）之间传输，按照信息在通信线路上的传送方向可分为3种基本模式，即单工模式、半双工模式和全双工模式，如图2-4所示。

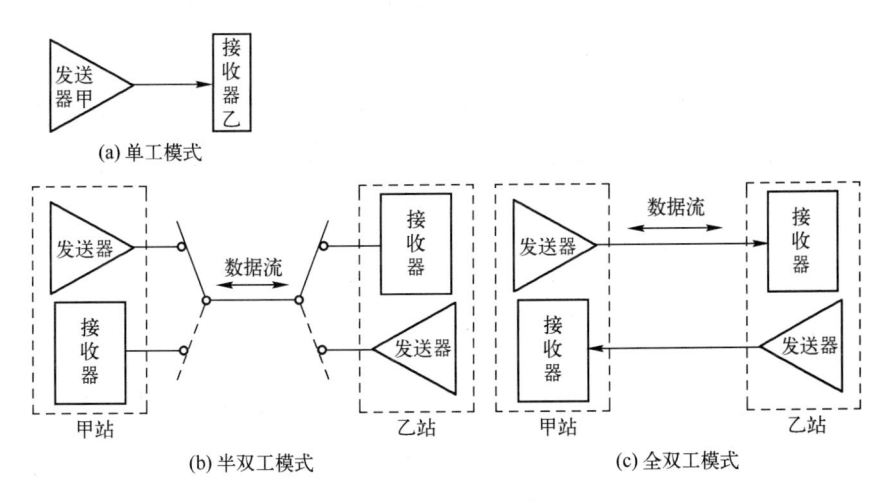

图 2-4 数据通信模式

**1. 单工模式**

单工模式（Simplex）只允许信息按照一个固定的方向传送。通信线路的两端，若一端为发送端，则另一端只能为接收端。单工模式目前在通信中已很少采用。

**2. 半双工模式**

半双工模式（Half-Duplex）指通信系统中允许信息在两个节点间向任一方向传送，

但同一时刻只限于一个方向。两节点间只有一根传输线，即收、发过程使用同一通信线路，只能分时完成各自的收发任务。采用半双工模式时，通信系统中每一端的收、发器通过收/发开关接通到通信线路中，进行传送方向的切换。通常方向切换时会有一些时间延迟，一般的通信系统中收发开关实际是由软件控制的。半双工本质上是一种受限制的双工传输，日常生活中所用的无线对讲机就是半双工模式，一个人在讲话时，另一个人只能听，双方虽然都能讲话但不能同时进行讲话。

**3. 全双工模式**

如果通信系统中数据的接收和发送通过两根不同的传输线进行，那么通信双方能同时进行接收和发送操作，这样的传输模式称为全双工模式（Full-Duplex）。全双工的传输效率高，但是需要两条信道。市话系统就是全双工模式工作的例子。

## 2.2 数据编码

通常，机载总线采用基带传输形式以较高速率直接传输数字信号，对于数据的表示是以离散的二进制比特序列方式实现，机载总线常见的数据编码方式主要包括以下类型。

### 2.2.1 归零码

归零码（Return to Zero Code）是相对于不归零码而言的（图 2-5），指电平必须在一个码元宽度内（一般为 1/2 码元）回归零电平至该码元结束。归零码优点为可以通过提取码元中间的跃变实现位同步，码元之间界限清晰可定，易于实现数据的同步传输。而不归零码则难以确定一位的结束与开始，需要采用某种方式使收发双方保持同步。

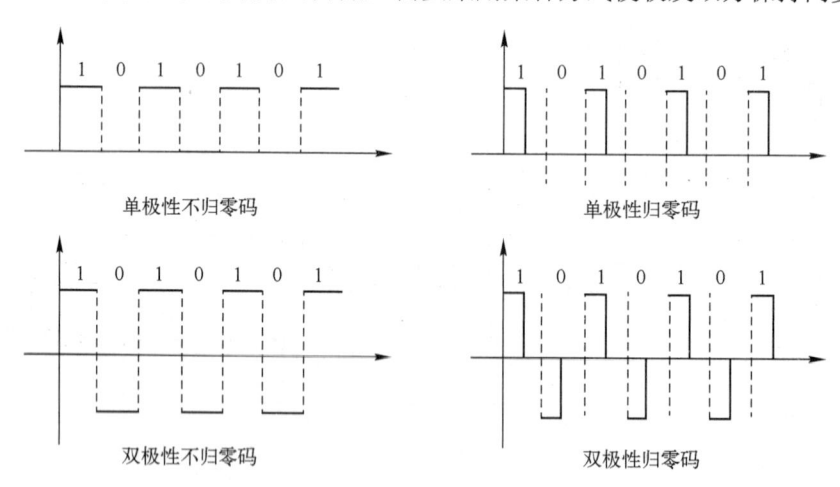

图 2-5 归零码与不归零码

与脉冲的单极性和双极性相匹配，形成"单极性不归零""双极性不归零""单极性归零""双极性归零"等具体码型。单极性归零码应用于近距离内实行波形变换，主要作为其他码型提取同步信号的一个过渡码型；双极性归零码由于设置了正负电平两个极性，协同码间的零电平跃变，使其永远不会出现两个码元电平的连续，非常容易区分不同的码元。ARINC429 总线即为典型的归零码。

## 2.2.2 曼彻斯特码

曼彻斯特码（Manchester Code）是一种双极型不归零码，用电压的变化来判别信号的 0 或 1，该编码规定："从高电平到低电平的跳变代表 1，从低电平到高电平的跳变代表 0。"

曼彻斯特码同时也利用位中间的跳变获取同步时钟，来保持发送设备和接收设备之间的同步，曼彻斯特编码的一个缺点是需要双倍的带宽，也就是说，信号跳变的频率是 NRZ 编码的 2 倍，如图 2-6 所示。1553B 总线采用了曼彻斯特 II 型码。

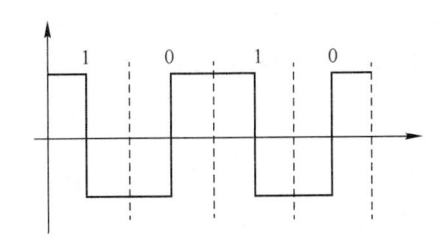

图 2-6 曼彻斯特编码

## 2.2.3 差分曼彻斯特码

差分曼彻斯特码（Differential Manchester Encoding）是曼彻斯特编码的变形（图 2-7），又称条件反相编码（Conditional Dephase Encoding），同样是在每个比特时间间隔的中间实施跳变，信号都会发生跳变。区别在于对逻辑值的判断是"采取相对跳变，而不是绝对跳变"的原则。在时间间隔的开始处发生跳变为逻辑 0，而逻辑 1 将使信号保持它在前一个时间间隔尾部的取值。因此，根据信号初始值的不同，0 将使信号从高电平跳到低电平或从低电平跳到高电平，同样适用于逻辑 1。

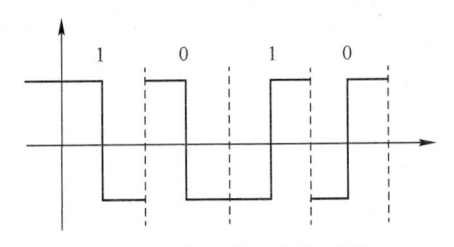

图 2-7 差分曼彻斯特编码

检测跳变通常更加可靠，特别是线路上有噪声干扰的时候。如果有人把连接的导线颠倒了，也就是把高低电平颠倒了，这种编码仍然是有效的。采用差分曼彻斯特编码，不必给导线做标记以识别哪根携带高电平，这也将减少导线的费用。

## 2.3 主要衡量指标

**1. 总线宽度**

总线宽度指数据线的条数，以及总线传输信息的串并行性。并行总线在不同的信号线上同时传输一个数据字的不同比特位,而串行总线则在同一根信号线上分时传输同一数据字的不同比特位。并行总线信号线的条数也是总线的重要参数之一,如总线宽度有8位、16位、32位和64位等,串行总线则位宽为1。

**2. 总线定时协议**

在总线上进行信息传送,必须遵守定时规则,以使源端与目的端同步。定时协议一般有下列几种方法:

(1)同步总线定时。信息传送由公共时钟控制,公共时钟连接到所有模块,所有操作都是在公共时钟的固定时间发生,不依赖于源端和目的端。

(2)异步总线定时。每一操作由源端(或目的端)的特定跳变确定。

(3)半同步总线定时。操作之间的时间间隔可以变化,但仅能为公共时钟周期的整数倍。

**3. 比特率**

在串行通信中,常用每秒钟传送多少二进制位数来衡量传送速度。因此,传输速率就是每秒钟传送的二进制位数(b/s),传输率也称比特率,应该注意的是比特率的计算是包括起始位、校验位和停止位的。

假设在异步串行传送的每个字有1位起始位、8位数据位、1位奇偶校验位和1位停止位构成,即每次通信为11位,如果每秒传送100个字符,则数据传送的比特率为11位×100字符/s=1100位/s=1100b/s,但实际的数据传输率只有800b/s。

串行通信中常用的比特率为:110b/s、300b/s、600b/s、1200b/s、1800b/s、4800b/s、9600b/s和19200b/s,这也是国际上规定的标准比特率。

**4. 发送接收时钟**

在异步串行通信中,发送端需要用一定频率的时钟来决定发送每1位数据所占的时间长度(称为位宽度),接收端也要用一定频率的时钟来测定每1位输入数据的位宽度。发送端使用的用于决定数据位宽度的时钟称为发送时钟,接收端使用的用于测定每一位输入数据位宽度的时钟称为接收时钟。由于发送接收时钟决定每一位数据位宽度,所以收/发时钟频率的高低决定串行通信双方发送接收字符数据的速度。

在异步通信中,总是根据数据传输的比特率来确定收/发时钟的频率。通常,收发时钟的频率总是取位传输率(比特率)的16倍、32倍或64倍等,这有利于在位信号的中间对每位数据进行采样减少读数错误。

收/发时钟频率与比特率间的关系如下:

(1)收/发时钟频率=$M$×比特率。

(2)收/发比特率=收发时钟/$M$。

在实际应用中,可根据所需要的传输比特率和选取的比特率因子$M$来确定收/发时钟的频率。

假设一异步传输系统,要求传输速率为9600b/s,则

(1)当取$M$=1时,收发时钟频率为9.6kHz。

(2)当取$M$=16时,收发时钟频率为153.6kHz。

(3)当取$M$=64时,收发时钟频率为614.4kHz。

### 5. 传输距离与传输速率的关系

一般来说，通过串行接口或终端直接发送的串行数据在保证其基本不产生信号畸变和失真的条件下，所能传送的最大距离与传输速率及传输线的电气性能有关。对于同一种传输线，传输距离随传输率的增加而减少。图 2-8 所示为使用一种每英尺[①]的电容值为 50pF 分布电路的非平衡双绞屏蔽线时，传输距离随比特率变化的曲线。

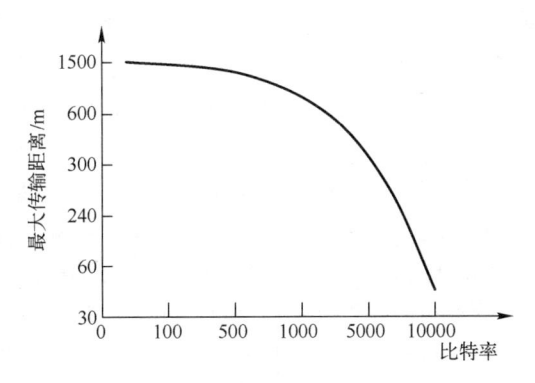

图 2-8 传输距离与比特率关系曲线

在实际应用中，当选定某一传输速率时，若传输距离位于曲线下方，则可直接通过串行连接器通信，不需另加通信设备。这时一个全双工连接只需 3 根线（接收线、发送线、信号地线）。当传输距离在曲线上方时，则需要引入通信设备，如利用电话线上网时使用的调制解调器，发送端使用调制解调器将数字信号调制为适合在电话线上传输的音频模拟信号，接收端使用调制解调器接收该模拟信号并转换成数字信号送入计算机。

除此之外，还有一些其他参数与总线的性能有关。例如，数据、地址线是否复用，信号线数（信号线数与性能不成正相关，但与复杂程度成正相关），负载能力，总线控制方式（是否能突发传输、是否能自动配置、仲裁方式、中断方式等），电源电压（5V 还是 3.3V 等），可扩展性（能否扩展总线宽度）等。

## 2.4 检错与纠错

串行通信不论采用何种模式，都应保证高效率、无差错地传送数据。但在任何一个远程通信过程中因噪声干扰，使信息传输过程中出现差错是不可避免的，这直接影响着通信系统的可靠性，因此串行通信中对差错的控制能力是衡量通信系统可靠性的一个重要指标。通常把如何发现传输中的错误称为检错，而把发现错误之后，如何消除错误称为纠错。在基本通信规程中一般采用奇偶校验和方阵校验来检错，以反馈重发模式纠错。在高级通信控制规程中一般采用循环冗余校验码，以自动纠错方法来纠错。

### 1. 奇偶校验

奇偶校验的规则比较简单，就是在发送数据时，在数据位后面加上一位监督位，即奇偶校验位，以保证每个字符（包括校验位）中 1 的总个数为奇数或偶数，分别对应奇

---

[①] 1 英尺=0.3048m。

校验和偶校验，校验位的取值可为 0 或 1。发送时，发送器会根据数据位的结构自动在校验位上添上 0 或 1，接收器在接收时对接收到的信息进行 1 个数的奇偶性检查。但很显然，奇偶校验无法应对出现两个偶数二进制位错误的情况，而且不能确定哪一位出错，不具备纠错能力。

**2. 矩阵校验**

矩阵校验实际上是用奇偶校验与"校验和"相结合的一种综合校验方法，具有较强的检错能力。其校验的基本原理是：在每个 7 单位编码的字符后附加 1 位奇偶校验位，以使整个字符中含 1 的个数统一为奇数或偶数。再将若干带校验位的字符组成一个数据块列成矩阵，再对矩阵中列向（逐列）进行按位加（异或）运算，于是产生校验字符，并将该校验字符附加在数据块的末尾。这一校验字是整个数据字符的"异或"结果，它反映了整个数据块的奇偶性。方阵校验字符的生成如图 2-9 所示。在数据接收过程中，按同样的方法生成矩阵校验字符，将此校验字符与发送来的校验字符进行比较，若两者不同，则证明出了差错，应以反馈重发来纠错。当某一行（列）出现偶数个差错时，该行（列）虽不能够发现，只要所在列（行）没有同时出现偶数个差错，这种差错仍然可以被发现。

```
字符代码      奇偶位
1 0 1 0 1 1 1   1
0 1 0 0 0 1 0   0
1 0 1 0 1 1 0   0
1 1 0 1 0 0 1   0
1 0 1 0 0 0 1   1
─────────────────
0 0 1 1 0 1 1   0   ←校验位
```

图 2-9 方阵校验字符的生成原理

**3. CRC 校验**

CRC（Cyclic Redundancy Check）是循环冗余校验码的缩写，是一种能力相当强的检错、纠错码。

CRC 的基本思想是利用线性编码理论，在发生端根据需要传送的 $k$ 位二进制码序列，以一定的规则产生一个 $r$ 位检验码（CRC 码）并赋予信息码后面，构成一个新的二进制码序列，并将此新的编码序列发送出去。接收端根据信息码与校验码间所符合的某种规则进行检测（也称译码），通常有两种处理方式：①计算 $k$ 位序列的 CRC 码，与接收到的 CRC 码进行对比，一致则正确。②计算整个 $k+r$ 位序列的 CRC 码，若为 0 则正确。求 CRC 码通常采用模 2 运算法则，即多项式除法中不带借位的减法运算，运算等同于异或运算。航空电子全双工交换式以太网、CAN 总线均采用了 CRC 校验方法。

## 2.5 拓 扑 结 构

拓扑结构指借助于几何学中的点与线来抽象地表述系统中各个设备相互连接的方法、形式与几何形状。机载总线的拓扑结构确定了航空电子设备中各个电子子系统互联的网络映像。也体现了航空电子综合系统中各个关联的部件通过数据通路联系的相互关联性。机载总线的基本拓扑结构通常划分为总线型、环型和星型 3 种，其中总线型还可以根据需要演化成树型结构,从而体现为单层级与多层级结构。

**1. 总线型拓扑结构**

总线型拓扑结构的特征是使用多点通信介质,也称广播介质。节点通过分接头或耦合器经由短截线连接到线路上,任何一个节点发送的信号可以被其他所有节点侦听。总线两端的端接器用来匹配和吸收线路上的信号。总线上的数据以帧的形式传输,接收数据的节点根据帧中的地址信息识别应该接收的数据帧。

单层级总线结构(图2-10)是一种最简单的总线拓扑结构。当总线上连接的终端数目不多,传输的数据吞吐量可以承受的情况下,一般采用单层级总线双冗余度结构形式。

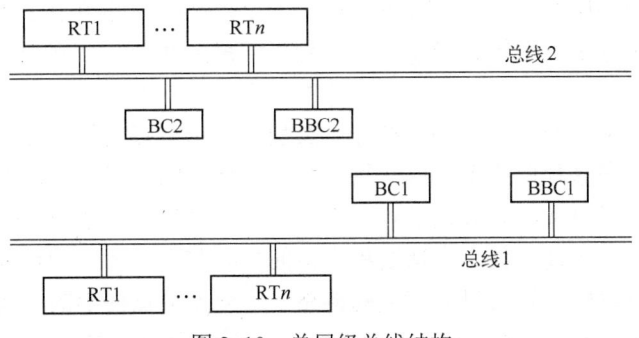

图 2-10 单层级总线结构

以1553B总线为例,在单层级总线拓扑结构中,所有的终端都是通过相同的总线互相连接的。把多个单层次总线结构并列起来使用即为并列总线结构。并列总线的特点是各总线相互独立,每条总线相互之间没有从属关系,但是不同总线的终端可以在物理形式上进行集成。

如果在总线系统中,某些设备在两条或两条以上的总线中分别充当终端角色,即它作为两条总线网络的网关,这种多总线组合结构为层次总线结构。总线间的关系由局部总线和全局总线来表示。不同层次总线之间表现出一种层次的控制关系,全局总线是最高的控制权拥有者,有控制其下级局部总线的权力,局部总线是相对于全局总线而言,它是属于全局总线的下级,服从全局总线的命令。主要体现在介于全局总线和局部总线之间的智能节点(图2-11中的功能节点2、节点4、节点6),它们既要作为RT接受上级总线的控制命令,还要作为BC指挥控制下级总线的工作,发挥承上启下的作用,其上、下级总线间的信息传输是不透明的,其变换规则由层次型总线的数据传输规则决定。

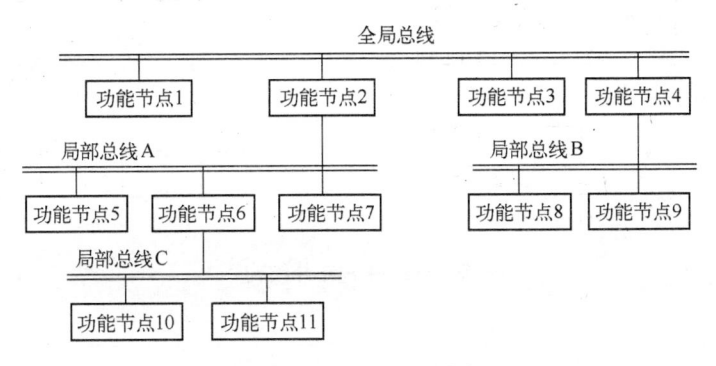

图 2-11 多级总线层次控制拓扑

**2. 环型拓扑结构**

在环型拓扑结构中，网络上使用转发器以点到点的形式串接成环路。转发器可以从其一端链路接收数据，并以接收的速度转发到其另一端的链路上。传输链路是单向的，即数据在环中按顺时针或逆时针方向传输。每个节点与网上的一个转发器相连，通过转发器向网上发送数据。节点也以帧的形式发送数据，目的节点在帧流经自己时识别出其地址，并将其复制到本地缓存中。而数据帧还要继续沿环路传播下去，直到它回到源节点为止，在回到源节点后将被删除。

**3. 星型拓扑结构**

在星型拓扑结构中，每个节点都直接连到一个公共的中心节点上。一般情况下，每个节点都通过两个分别用于发送和接收的点到点链路，连到一个称为星型耦合器的中心节点上。

中心节点有两种类型：一种是广播介质类型。一个节点发往中心节点的帧在所有的输出链路上转发。在这种模式下，尽管物理拓扑是星型的，但在逻辑上是总线型的，从一个节点发出的帧可以被所有其他节点接收，并且一次只有一个节点能够成功地占据信息，执行发送操作。集线器就是支持这种类型的中心节点。另一种是分组交换设备。到达的帧在节点内可以转发到去目的节点的链路上。交换节点内部的结构允许多个节点间同时收发信号。这种中心节点也称为交换机，存在两种交换形式：一是存储转发式交换，交换机在输入链路上接收一个帧，先缓存，选择路由，然后在相应的输出链路上转发；二是直通交换，由于目的地址在 MAC 帧的开始部分，交换机一旦识别出目的地址，立即把到达的帧在对应的输出链路上进行转发。直通交换传输延迟短，但是由于来不及完成帧的检测，存在传播坏帧的风险。

图 2-12 所示为 4 种拓扑结构。

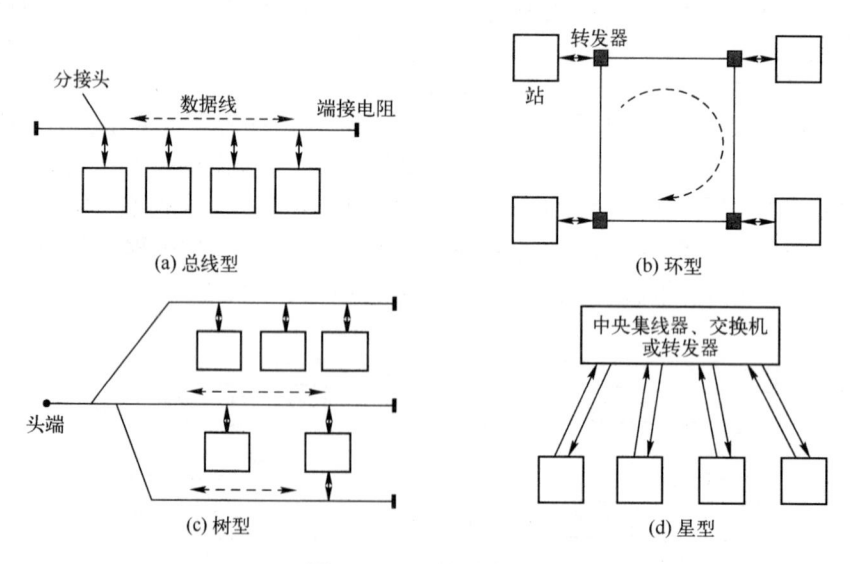

图 2-12　4 种拓扑结构

# 第3章 RS-422-A/RS-485 总线

RS-422-A 和 RS-485 是最早应用于工业领域而且应用范围极为广泛的两类串行总线，在航空领域也经常作为局部总线实现某些航空子系统内部设备之间的连接，在直升机航空子系统之间有着一定范围的应用。

## 3.1 概　　述

1962 年，美国电子工业联合会（EIA）制定并发布了 RS-232 标准，规定了接口的机械特性、电气特性、功能特性与规程特性。但因 RS-232 标准只能应用于两个设备之间、最大有效传输距离只有 15m，以及其他一些弱点，因而主要用于低端市场，PC 上通常会设置 RS-232 串口。

RS-422-A 总线是由 RS-232 发展而来，是为弥补 RS-232 之不足于 1978 年 12 月而提出的。为改进 RS-232 通信距离短、速率低的缺点，RS-422-A 定义了一种平衡通信接口，是一种单机发送、多机接收的单向、平衡传输规范，将传输速率提高到 10Mb/s，传输距离延长到 4000 英尺（速率低于 100kb/s 时），并允许在一条平衡总线上连接最多 10 个接收器。

为扩展应用范围，美国电子工业联合会于 1983 年在 RS-422-A 总线基础上又制定了 RS-485 总线，增加了多点、双向通信能力，即允许多个发送器连接到同一条总线上，同时增加了发送器的驱动能力和冲突保护特性，扩展了总线共模范围。即 RS-422-A 标准只允许电路中有一个发送器，而 RS-485 是一种多发送器/多接收器的标准，允许在电路中可有最多 32 个发送器。

RS-422-A 与 RS-485 标准采用双绞线作为传输介质，数据信号采用差分传输方式，只对接口的电气特性作出规定，而不涉及接插件、电缆或传输协议，在此基础上用户可以建立自己适用的高层通信协议。

## 3.2 RS-422-A 总线

RS-422-A 总线全称为"平衡电压数字接口电路的电气特性"，它是从属于 1977 年 EIA 推出的 RS-449 标准的，RS-449 实际上是一体化的 3 个标准，它的机械、功能和过程性接口由 RS-449 定义，电气接口区分有两个不同的定义，即 1978 年 12 月提出的 RS-422-A 和 1978 年 9 月提出的 RS-423-A，分别用于平衡电路和非平衡电路。

**1. 电气连接**

RS-422-A 总线的接口电路由发送器、平衡连接电缆、电缆终端负载和接收器组成。

RS-422-A 总线是一种平衡方式传输,平衡方式是指双端发送和双端接收。它定义了接口电路的特性,是典型的四线接口。发送端和接收端分别采用平衡发送器(驱动器)和差分接收器。RS-422-A 接口标准的电气连接如图 3-1 所示。

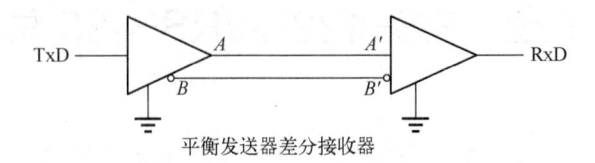

图 3-1　RS-422-A 接口标准的电气连接

**2. 电气特性**

RS-422-A 的电气特性对逻辑电平的定义是根据两条传输线之间的电位差值决定的。它通过平衡发送器把逻辑电平变换成电位差,完成发送端的信息发送;通过差分接收器,把电位差变成逻辑电平,实现终端的信息接收。差分电路的最大优点就是抑制噪声。

由于 RS-422-A 标准采用了双线传输,大大增强了共模抗干扰的能力。通常情况下,发送驱动器 $A$、$B$ 之间的正电平为+2～+6V,是一个逻辑状态;负电平为-2～-6V,是另一个逻辑状态。接收器也作与发送端相对的规定,收、发端通过平衡双绞线将 $AA'$ 与 $BB'$ 对应相连,当在接收端 $A'B'$ 之间有大于+200mV 的电平时,输出逻辑"1";小于-200mV 时,输出逻辑"0"。接收器接收平衡线上的电平范围通常在 200mV 至 6V 之间。接收端的电压范围如图 3-2 所示,图 3-3 为 RS-422-A 接口标准 DB9 连接器引脚定义示例。

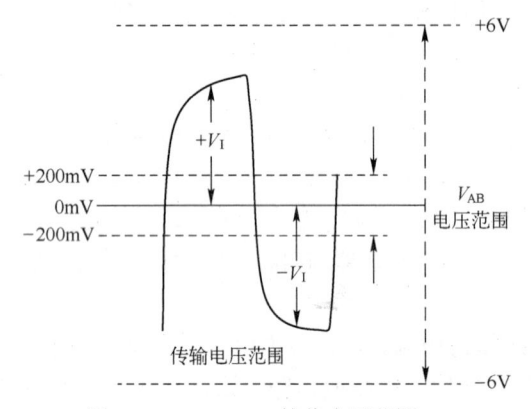

图 3-2　RS-422-A 接收电压范围　　　　图 3-3　DB9 连接器引脚定义

利用平衡双绞线传输的长度与传输速率成反比,当传输距离在 12m 以内时,数据速率可达到最大传输速率 10Mb/s,传输距离增加则速率降低;当为最大传输距离 1219m 时,允许的最大传输速率降为 100kb/s,所以只有在很短的距离下才能获得最高速率传输。通常,100m 长双绞线条件下所能获得的最大传输速率仅为 1Mb/s。

为了实现 RS-422-A 标准的连接,许多公司推出了平衡驱动器/差分接收器集成芯片,如 MC3487/3486、SN75174/75175 等。

**3. 拓扑结构**

由于 RS-422-A 接收器采用高输入阻抗和发送驱动器具有比 RS-232 更强的驱动能力,故允许在相同传输线上连接多个接收节点。RS-422-A 总线通信线路中只允许有 1

个发送器,最多可接10个接收器,即一个主设备(Master),其余为从设备(Slave),从设备之间不能通信,所以RS-422-A仅支持点对多的单向通信。

RS-422-A需要接入终接电阻,要求其阻值约等于传输电缆的特性阻抗。在短距离传输时可不需终接电阻,即一般在300m以下不需终接电阻,终接电阻接在传输电缆的最远端。

RS-422-A接收器输入阻抗为4kΩ,故发送端最大负载能力是10×4kΩ+100Ω(终接电阻)。由于RS-422-A四线接口(图3-4)采用单独的发送和接收通道,因此不必控制数据方向,各装置之间任何必须的信号交换均可以按软件方式(XON/XOFF握手)或硬件方式(一对单独的双绞线)实现。

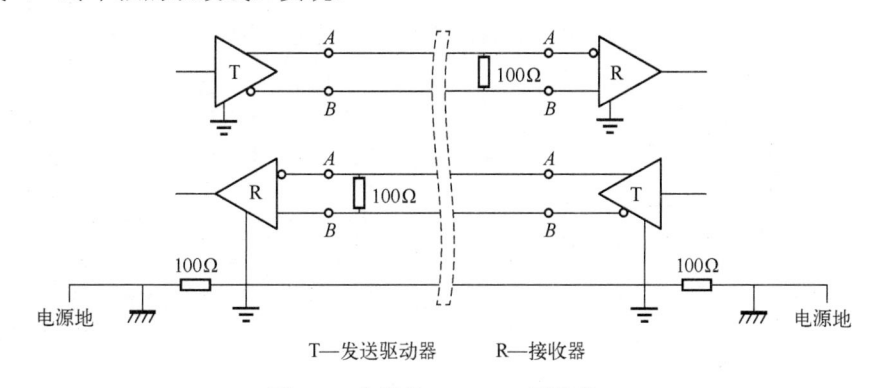

图 3-4 典型的 RS-422A 四线接口

## 3.3 RS-485 总线

RS-485总线是从RS-422-A基础上发展而来的,所以RS-485许多电气规定与RS-422-A相仿。如都采用平衡传输方式,则都需要在传输线上接终接电阻等,但是RS-485总线在此基础上增加多点通信能力、冲突保护特性等,总线共模范围得到扩展。RS-485总线目前在工业测控、自动化、建筑等领域应用广泛,如汽车、POS机等。多种型号导航、雷达等航电子系统利用RS-485总线实现与相关系统或设备的数据通信。

**1. 电气连接**

RS-485总线能实现点对点、点对多点、多点对多点的通信,RS-485允许平衡电缆上共连接128个收发器,即具备多站能力。在一般场合,传输介质采用普通的双绞线即可,在要求比较高的环境下可以采用带屏蔽层的同轴电缆。从RS-485接口到负载,其数据信号传输所允许的最大电缆长度与信号传输的波特率成反比,传输距离主要是受信号失真及噪声等因素的影响。RS-485接口标准的电气连接如图3-5所示。

由于PC默认只带有RS-232接口,有两种方法可以得到PC的RS-485接口电路:

(1)通过RS232/RS485转换电路将PC串口RS-232信号转换成RS-485信号。

(2)通过PCI多串口卡,可以直接选用输出信号为RS-485类型的扩展卡。

**2. 电气特性**

RS-485总线采用差分信号,发送驱动器 $A$、$B$ 之间的电平在+2V~+6V表示"1",

-6V～-2V 表示"0"，信号地接 $C$ 点。另外，RS-485 总线还有一个使能端，使能端用于控制发送驱动器与传输线路的断开与连接，如图 3-6 所示；RS-485 与 RS-422-A 的不同还在于其共模输出电压是不同的，RS-485 的共模输出电压是-7V～+12V。

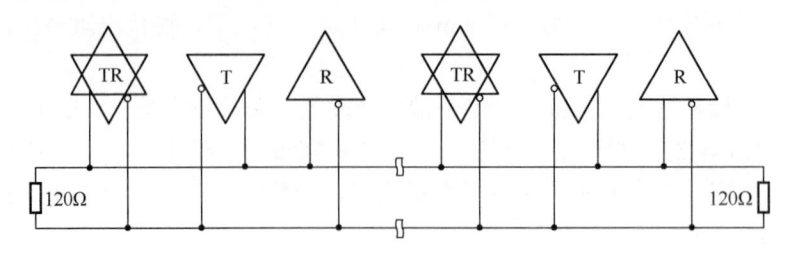

图 3-5　RS-485 接口标准的电气连接示意图

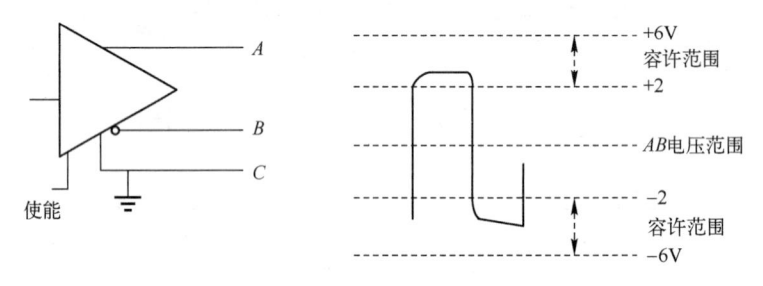

图 3-6　RS-485 发送信号

RS-485 与 RS-422-A 一样，不加中继器情况下，最大传输距离约为 1219m，最大传输速率为 10Mb/s。平衡双绞线的长度与传输速率成反比，在 100kb/s 速率以下才可能使用规定最长的电缆长度。只有在很短的距离下才能获得最高速率传输，一般 100m 长双绞线最大传输速率仅为 1Mb/s。在传输总线的两端，RS-485 总线需要在线路两端设置终接电阻，其阻值要求等于传输电缆的特性阻抗，以期消除信号的反射。在短距离传输时可不需终接电阻，即一般在 300m 以下不需终接电阻。

RS-485 终端匹配方法可分为终端电阻匹配、RC 匹配和二极管匹配 3 种形式，如图 3-7 所示。

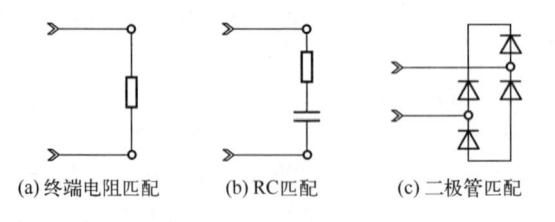

图 3-7　终端匹配

（1）终端电阻匹配。终端电阻匹配方法是在总线电缆的两端并接终端电阻。因为大多数双绞线电缆特性阻抗大约为 100～120Ω，终端电阻的阻值取为 120Ω。这种匹配方法简单有效，但有一个缺点，匹配电阻要消耗较大功率，不适于功耗限制比较严格的系统。在设备少、距离短的情况下，不加终端负载电阻整个网络也能很好地工作，但随着距离的增加，性能将降低。理论上，在每个接收数据信号的中点进行采样时，只要反射信号在开始采样时衰减到足够低就可以不考虑匹配。但这在实际上难以掌握，美国 MAXIM 公司提出一条经验性的原则可以用来判断在什么样的数据速率和电缆长度时需要进行匹配：当信号的转换时间（上升或下降时间）超过电信号沿总线单向传输所需时间的 3 倍以上时就可以不加匹配。

（2）RC 匹配。RC 匹配比较省电，利用电容 C 隔断直流成分可以节省大部分功率。但电容 C 的取值是个难点，需要在功耗和匹配质量间进行折中。

（3）二极管匹配。二极管匹配方法虽未实现真正的"匹配"，但它利用二极管的钳位作用能迅速削弱反射信号，达到改善信号质量的目的，节能效果显著。

### 3. 拓扑结构

RS-485 网络拓扑一般采用终端匹配的总线型结构，通常情况下不支持环形或星型拓扑结构，大多采用半双工通信方式，各类收发设备共享一条信号通路。RS-485 可以采用二线与四线方式。无论二线还是四线连接方式总线上最多可接 32 个设备，若超过这个数量限制，可将中继器作为一个节点，让中继器重新生成 RS-485 信号继续挂接设备。

二线制可实现真正的多点双向通信，具体接法如图 3-8 所示。

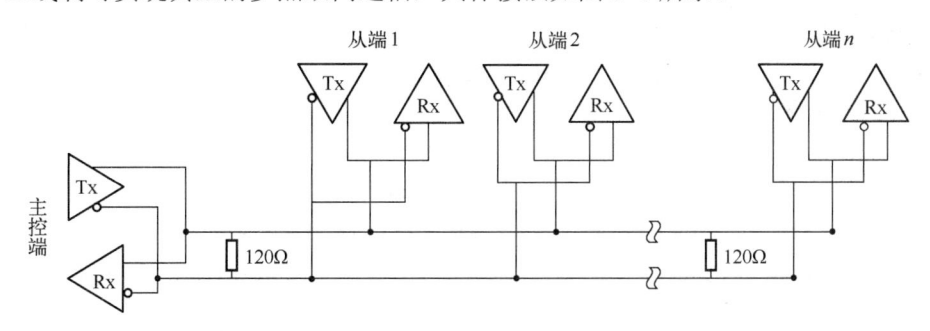

图 3-8　二线制示意图

采用四线连接时，与 RS-422-A 一样只能实现点对多的通信，即只能有一个主（Master）设备，其余为从设备（Slave），但它比 RS-422-A 有改进。四线制具体接法如图 3-9 所示。

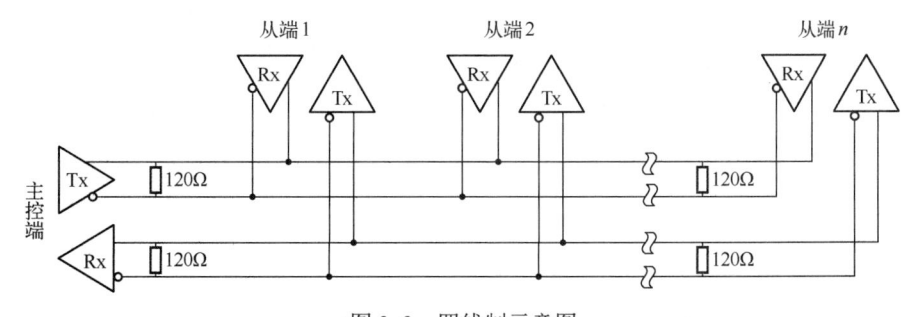

图 3-9　四线制示意图

在传输过程中可以采用中继器的方法对信号进行放大，最多可以加 8 个中继器，从而实现传输距离的增加，理论上 RS-485 的最大传输距离可以达到 9.6km。如果真需要长距离传输，可以采用光纤为传播介质，收发两端各加一个光电转换器，多模光纤的传输距离为 5~10km，而采用单模光纤可达 50km 的传播距离。

在构建网络时，首先应做到采用一条双绞线电缆作总线，将各个节点串接起来，从总线到每个节点的引出线长度应尽量短，以便使引出线中的反射信号对总线信号的影响最低。有些网络连接尽管不正确，在短距离、低速率时仍可能正常工作，但随着通信距离的延长或通信速率的提高，其不良影响会越来越严重，主要原因是信号在各支路末端反射后与原信号叠加，会造成信号质量下降；其次为总线特性阻抗的连续性。在阻抗不连续点就会发生信号的反射。下列几种情况易产生这种不连续性：总线的不同区段采用了不同电缆，或某一段总线上有过多收发器紧靠在一起安装，或过长的分支线引出到总线。

**4. 通信协议**

目前 RS-485 总线在国内有着非常广泛的应用，除用户自己制定的简单通信协议外，还可使用 ModBus 协议中的一部分功能。当前国家现在执行的行业标准中，颁布有按设备分类的各种通信规约，如 CDT、SC-1801、u4F、DNP3.0 规约和 1995 年的 IEC60870-5-101 传输规约、1997 年的国际 101 规约的国内版本 DL/T634—1997 规约。ModBus 是 Modicon 公司针对工业控制网络开发的用于对自控设备进行访问控制的主从式通信协议。其通过简单的通信报文完成对节点的读写操作，主节点可对从节点进行广播通信，在主节点实施轮询操作时，要求相应从节点返回一个应答信息。

1）查询—响应周期

ModBus 协议遵循"查询—响应"模式，如图 3-10 所示。

（1）查询。查询消息中的功能代码给出被选中的从设备要执行何种功能。数据段包含了从设备要执行功能的附加信息。数据段必须包含要告知从设备的信息，从哪个寄存器开始读及要读的寄存器数量。错误检测域为从设备提供了一种验证消息内容是否正确的方法。

（2）响应。此时功能代码是对查询消息中的功能代码的响应。数据段包括了从设备收集的资料，如寄存器值或状态。如果有错误发生，功能代码将被修改，同时数据段包含了描述此错误信息的代码，错误检测域允许主设备确认消息内容是否可用。

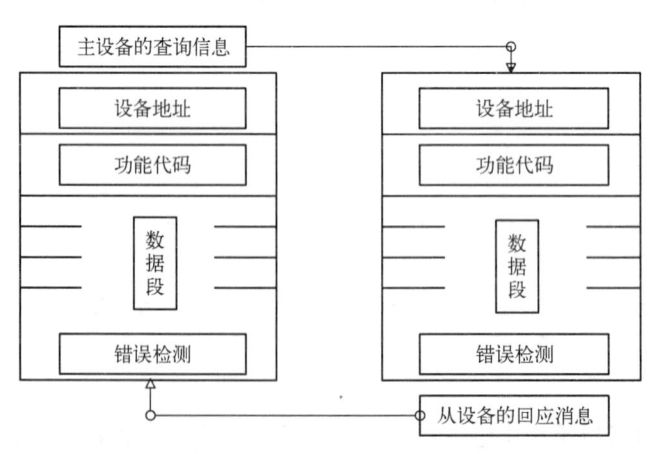

图 3-10 查询—响应模式

2）数据帧

ModBus 协议设计有两种数据帧格式：ASCII 数据帧和 RTU 数据帧（Remote Terminal

Unit）。ASCII 数据帧的开始结束标志分别以冒号":"和两个回车换行符结束，中间信息为协议内容；RTU 数据帧的开始、结束标志是不小于 3.5 倍字符发送时间的空闲时间，通常取为 4T，表 3-1 所列为 RTU 数据帧格式。

表 3-1　RTU 数据帧格式

| 前导码 | 地址域 | 功能域 | 数据域 | | | | CRC 校验域 | 结束码 |
|---|---|---|---|---|---|---|---|---|
| T1~T4 | 8 位 | 8 位 | 数据数量 | 数据 1 | ... | 数据 n | 16 位 | T1~T4 |

地址域为被查询的从节点的地址，有效地址范围为 0~247，其中设备地址 0 用作广播地址，有些场合可能不允许广播或以其他方式代替；功能域用于表示从节点要完成的功能。ModBus 协议采用 CRC 循环冗余校验，从地址域开始对数据帧的所有数据进行校验。

当从设备响应时，它使用功能代码域来指示是正常响应（无误）还是有某种错误发生（异议）。对于正常响应，从设备仅响应相应的功能代码；对于异常响应，从设备返回一个等同于正常代码的代码，但最重要的位置为逻辑 1。例如，从一个主设备发往从设备的消息要求读一组保持寄存器，将产生如下功能代码，如表 3-2 所列。

表 3-2　从设备数据帧响应

| 帧类型 | 功能代码（二进制） | 功能代码（十六进制） |
|---|---|---|
| 主设备发往从设备帧 | 00000011 | 03H |
| 从设备正常响应帧 | 00000011 | 03H |
| 从设备异常响应帧 | 10000011 | 83H |

除功能代码因异议错误做了修改外，从设备将一独特的代码放到响应消息的数据域中，这能告诉主设备发生了什么错误。主设备应用程序得到异议响应后，典型的处理过程是重发消息，或者报告给操作员。主设备发给从设备消息的数据域包含附加的信息，从设备必须用于进行执行由功能代码所定义的行为。这包括了寄存器地址范围、要处理项的数目、域中实际数据字节数。

RS-485 总线特点：①由于 RS-485 标准采用平衡发送/差分接收，所以共模抑制比高，抗干扰能力强；②传输速率高，它允许的最大传输速率可达 10Mb/s，传输信号的摆幅小（200mV）；③传送距离远，采用双绞线，在不用 MODEM 的情况下，当传输速率为 100kb/s 时，可传送的距离为 1219m，若传输速率降低，还可传送更远的距离。

## 3.4　典型应用

虽然 RS-422-A/RS-485 总线主要作为工业控制总线，但是在航空领域也可以用作局部总线完成设备之间的交联。当 RS-422-A/RS-485 总线应用于机载设备后，通常不单独设置连接器，而是同其他信号线路集成在一个连接器上，传输介质则要采用屏蔽双绞线。常见应用包括人机接口信息解释以及短距离信息传输。

贝尔直升机座舱显示系统（图 3-11）设置完整的 RS-422-A 总线高层交互协议，用于完成飞行操作的人机交互。其 I/O 设备利用 RS-422-A 总线与显控计算机进行信息交互，实现指令输入和视频输出调度。主输出设备为液晶显示器，接受显控计算机传来的视频影像，同时可利用周边按键进行指令输入调度，按压按键操作即由 RS-422-A 总线进行解释编码，并传送给显控计算机，显示计算机解码 RS-422-A 总线指令信息，获取用户画面调度需求，再以视频信号形式反馈给液晶显示器。同时，RS-422-A 总线还可作为键盘输入设备与显控计算机之间的交联媒介，完成航路、航线、温度、重量、高度等参数的编辑修改。红外设备同样利用 RS-422-A 总线实现与显控计算机的数据交互。

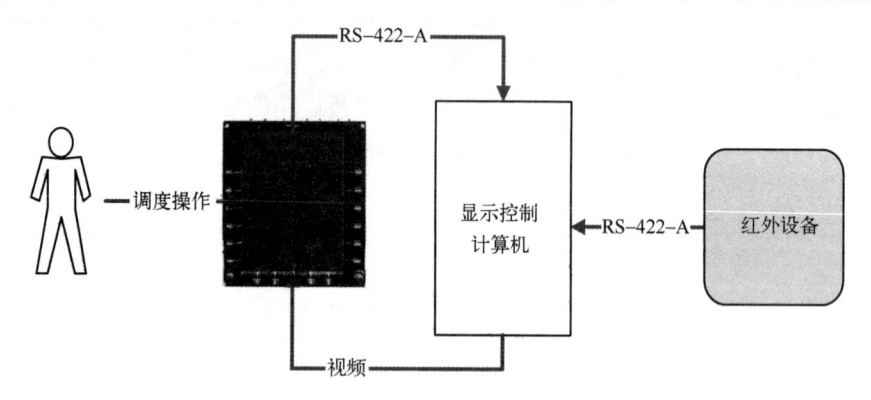

图 3-11　贝尔直升机座舱显示系统交联模式

# 第4章 ARINC429 总线

为了统一规范航空电子设备的电器性能、技术指标和接插件标准，美国主要航空公司、飞机及航电设备制造商和其他国家的一些航空公司联合成立了航空无线电公司（Aeronautical Radio Inc.，ARINC）。该公司主要通过制定各种航空规范，向航空器制造商提出有关新型电子设备技术条件的评价意见，以使航空设备的生产实现最大程度的标准化。该公司提出的航空标准称为 ARINC 系列标准。

## 4.1 概 述

ARINC429 总线规范是由受美国航空无线电公司资助的航空电子工程委员会（Airlines Electronic Engineering Committee，AECC）于 1977 年 7 月提出并获得批准使用，美国航空无线电公司出版的一种民用飞机机载总线规范，其全称为"Mark 33 数字式信息传输系统"（Digital Information Transfer System，DITS），该规范规定了航空电子设备及有关系统间的数字信息传输要求。目前，最新的版本是 2004 年发布的 ARINC429-17。ARINC429 总线规范解决了原有 ARINC419 总线规范的许多矛盾及冲突，为系统间的互联提供了统一的平台。

由于 ARINC429 总线具有结构简单、性能稳定、抗干扰性强、可靠性高、成本低的优点，现已广泛应用于民用客机以及直升机中，如空中客车公司的 A310、A320、A300、A340 飞机，波音公司的 B737、B757、B767、B777 飞机，麦道公司（1997 年与波音公司合并）的 MD-11 飞机，贝尔直升机德事隆公司的 Bell 407、Bell 412 直升机等都应用了该总线。ARINC429 总线虽然主要应用于民用飞机（直升机）领域，但在军用飞机（直升机）领域也得到了一定程度的应用。

对应 ARINC429 总线规范，我国的标准为 1986 年颁布实施的航标 HB6096-86 SZ-01 数字信息传输系统，而俄罗斯的标准则为 ГOCT18977 及其配套的指导性技术资料 PTM1495。

## 4.2 主 要 特 性

**1. 总线结构**

ARINC429 总线是面向接口型数据总线结构，总线上定义了两种类型设备，即发送设备和接收设备。发送设备只能有一个，而接收设备数量可以有不超过 20 个，总线结构如图 4-1 所示。可任选余度电缆根据需要可以设置一条或多条构成余度网络，以提高系统的可靠性。

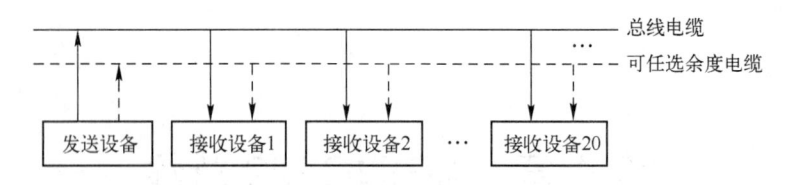

图 4-1 ARINC429 总线结构图

**2. 总线拓扑结构**

ARINC429 总线拓扑结构主要有星型和总线型两种，如图 4-2 所示。相对于总线型结构，星型结构由于每个接收设备都有独立的电缆连接，一条通信线路的失效对其他通信线路没有影响，因此可靠性较高，但由于其线路较多，也导致其硬件接口复杂、电缆多、重量重。

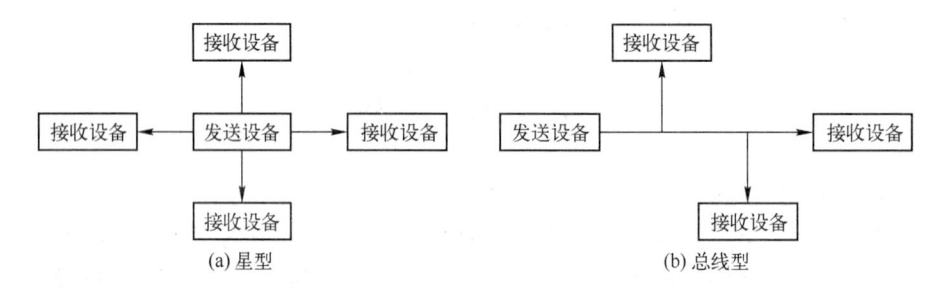

图 4-2 ARINC429 总线拓扑结构图

**3. 总线特点**

（1）传输方式：单工串行广播传输方式。信息按"开环"（数据单向流动）方式进行传输，即信息只能从发送设备的发送通道发出，经传输总线传输至接收设备的接收通道进行接收。由于信息不能反向传输，因此在两个通信设备间需要双向传输信息时，如需要接收设备反馈或者确认时，则必须增加一路独立的传输总线。由于采用广播方式传输信息，子系统之间的错误不会相互传播。

（2）传输速率：分高速和低速两挡。高速工作状态时位速率为 100kb/s，低速工作状态时位速率为 12.0～14.5kb/s，且位速率误差保持在±1%范围内。高速一般用于传输大容量的数据或飞行关键信息，低速主要用于传输一般的低速电子设备信息，军事领域一般使用高速传输。需要注意的是一条总线上只允许有一种传输速率，不能出现两种不同的传输速率。

（3）驱动能力：每条总线可以连接不超过 20 个接收设备。在速率一定的条件下，由于接收设备数量较少，信息传输有充足的时间保证。

（4）调制方式：双极性归零制的三态码调制方式。将信号调制为"高""低""零"三电平状态，脉冲宽度为码元宽度的 1/2，在码元的后半宽度内，每个脉冲都回到零电位。每一位前半周期为高电平时，表示逻辑 1；为低电平时，表示逻辑 0，后半周期电压均回零。如图 4-3 所示。

同步方式：传输的基本单位是字，每个字由 32 位组成。双极性归零制三态码信号波形中携带位同步信息，发送完每个字后有至少 4 位的时间间隔，再发送下一个字，即以 4 位的零电平时间间隔为基准，紧跟该间隔后发送的第一位即为新字的起点，这个间隔作为字同步，如图 4-3 所示。

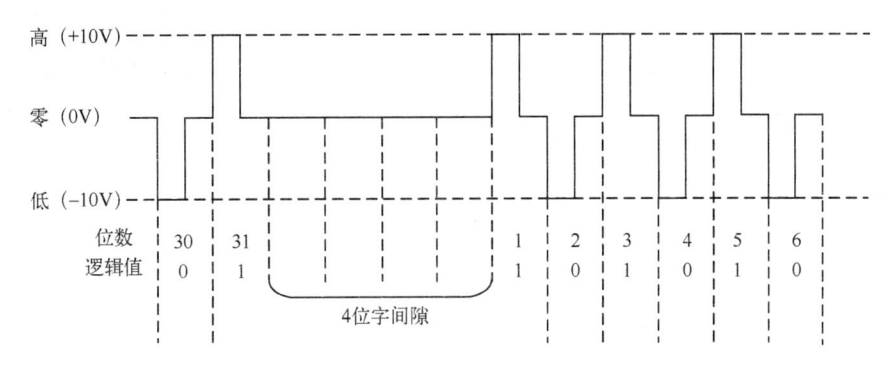

图 4-3 调制方式及同步方式图

**4．电气特性**

ARINC429 总线使用带屏蔽套的双股绞合线作为传输介质，一股为 A 线，另一股为 B 线，外屏蔽套接地。A、B 线上传输串行的双极性归零制三态码调制信号，A 线与 B 线传送的信号相位相差 180°。传输介质固有的完整性保证了信息基本不会漏失，屏蔽线两端及所有中间断开处都要屏蔽接地。直升机上使用时屏蔽层应与靠近机架插座的直升机地线相连，以保证可靠接地。每个接收设备都需要采取隔离措施，以防止自身发生故障时，影响其他接收设备正常接收数据。

1）电平

电气特性的第一个要求是电平，即发送设备和接收设备的电平均需满足一定的要求。

发送设备开路时，发送设备输出端（发送设备对地处于平衡状态）应能输出满足表 4-1 要求的电平范围。

表 4-1 输出信号电平范围

| 端口状态 | 高电平/V | 零电平/V | 低电平/V |
| --- | --- | --- | --- |
| A 端对 B 端 | +10±1.0 | 0±0.5 | −10±1.0 |
| A 端对地 | +5±0.5 | 0±0.25 | −5±0.5 |
| B 端对地 | −5±0.5 | 0±0.25 | +5±0.5 |

接收设备输入端的差动电压取决于传输线长度、支线配置以及传输总线上接收设备负载个数。在没有噪声的情况下，接收设备输入端正常状态下的电压范围如表 4-2 所列。实际应用中，由于受到噪声和脉冲畸变的影响，接收设备输入端干扰状态下的电压范围如表 4-3 所列。

表 4-2 正常状态下电压范围

| 高电平范围/V | +7.25～+11 |
| --- | --- |
| 零电平范围/V | −0.5～+0.5 |
| 低电平范围/V | −7.25～−11 |

表 4-3 干扰状态下电压范围

| 高电平范围/V | +6.5～+13 |
| --- | --- |
| 零电平范围/V | −2.5～+2.5 |
| 低电平范围/V | −6.5～−13 |

2）阻抗

电气特性的第二个要求是阻抗，包括发送设备的输出阻抗和接收设备的输入阻抗。

为了与屏蔽双绞线的特性阻抗匹配，发送设备的输出阻抗规定为（75±5）Ω，在 A 线和 B 线间均分，使输出阻抗平衡，发送器的"高""零"和"低"输出状态及这些电平间的瞬变过程期间均应有输出阻抗。但实际应用中由于屏蔽双绞线特性阻抗的离散性较大，因而匹配只能是近似的。实验表明：对特性阻抗为 60～80Ω 的屏蔽双绞线电缆，均能得到比较满意的传输效果。

接收设备输入端阻抗特性要求如下：

（1）差分输入电阻 RI=12000Ω（最小值）。

（2）差分输入电容 CI=50pF（最大值）。

（3）对地电阻 RH 和 RG 均大于 12000Ω。

（4）对地电容 CH 和 CG 均小于 50pF。

（5）接收设备总输入电阻受 RI、RH 和 RG 并联的影响，最小值应为 8000Ω（20 个接收设备负载的最小电阻为 400Ω）。

3）容错电压

电气特性的第三个要求是容错电压，包括接收设备外部容错电压、发送设备外部容错电压和发送设备外部负载容错电压。

接收设备外部容错电压是指接收设备连接到正常工作的传输总线上时，应能承受加载下述稳定电压而不受到持续损坏，但不要求在下述条件下正常工作：

（1）在 A、B 两端加载 30V 交流电压有效值。

（2）A 端与地之间加载±29V 直流电压。

（3）B 端与地之间加载±29V 直流电压。

发送设备外部容错电压是指外部故障电压造成发送设备故障后，不应使其他发送设备和该传输系统中的其他电路的工作状态超出正常范围甚至失效。

发送设备外部负载容错电压是发送设备应能承受加在电路上的短路负载，在短路期间，不遭受损坏，短路负载情况如下：

（1）A 端与 B 端之间短路。

（2）A 端与地之间短路。

（3）B 端与地之间短路。

（4）A 端和 B 端与地之间同时短路。

4）故障隔离

电气特性的第四个要求是故障隔离，包括接收设备故障隔离和发送设备故障隔离。

接收设备故障隔离是指每个接收设备均采取隔离措施，在接收设备内部的外场可更换单元或在外部传输总线上的其他接收设备发生故障时，不应使输入总线上的电压超出规定的正常工作范围，即发生欠电压或过电压。

发送设备故障隔离是指每个发送设备均采取隔离措施，在外场可更换组件发生故障时，不使其输出电压超出下列范围：

（1）A 端与 B 端之间：30V 交流电压有效值。

（2）A 端与地之间：±29V 直流电压。

（3）B 端与地之间：±29V 直流电压。

## 4.3 信息格式

### 4.3.1 数据字结构

ARINC429总线传输的基本单位是数据字（Word），一个数据字传输一个参数，如经度、纬度等。每个数据字由32位组成，少数也有25位。数据字有5种数据类型，即二进制补码数据（BNR数据）、二进制编码的十进制数据（BCD数据）、离散数据（DISC数据）、维护数据和AIM数据（确认字和ISO #5字符数据）。其中BNR数据和BCD数据使用较多，占所有ARINC429编码数据的90%以上。根据表示的含义不同，数据字大体可以分为五部分，如图4-4所示。

| 32 | 31 | 30 | 29 | 28 | 11 | 10 | 9 | 8 | 1 |
|---|---|---|---|---|---|---|---|---|---|
| P | SSM | | | DATA | | SDI | | LABEL | |

图 4-4 数据字格式

**1. 标号（LABEL）**

第1～8位，也称标识符。ARINC429总线规范给传输的每个参数都规定了唯一的标号，通过这个标号来识别BNR和BCD数据字内包含的信息，或者识别作离散、维护和AIM数据用的字。总线规范中还定义了标准参数库，借助标号可以查询数据所对应的物理含义、类型、有效位、单位、分辨率等信息。

标号通常用八进制表示，但用二进制编码，分成3段，最多具备256个标号，表示范围为0～377。标号最高位第8位为最低有效位，第1位为最高有效位。编码方法为第1～2位为最高有效数字，第3～5位为一个有效数字，第6～8位为最低有效数字，如图4-5所示。

| 8 | 7 | 6 | 5 | 4 | 3 | 2 | 1 | 位号 |
|---|---|---|---|---|---|---|---|---|
| 1 | 2 | 4 | 1 | 2 | 4 | 1 | 2 | 权值 |
| 1 | 1 | 0 | 1 | 0 | 0 | 0 | 1 | 逻辑值 |
| 3 | | | 1 | | | 2 | | 标号 |

图 4-5 LABEL编码方法

如图4-5所示，最高有效位（第1～2位）编码值为2，第3～5位编码值为1，第6～8位编码值为3，所以这个二进制数10001011实际上指示的标号为213，代表大气静温。

**2. 源/目标识别码（SDI）**

第9～10位，用于数据的源、目标识别功能。当需要将特定数据字发送给总线上的某一特定接收设备时，或者总线上源设备需要根据数据字的内容被接收设备识别时，可用源、目标识别功能。其编码及含义如表4-4所列。接收设备应识别自身装置代码的数据字和识别包含代码"00"（表示全访问时）的数据字。在不用源、目标识别功能时，该字段填充二进制0或有效数据。

33

有两种情况该字段不表示源/目标识别功能：一种是字母和数字（ISO 5 号字母表）数据字；另一种是根据分辨率需要，把该字段用作有效数据的 BNR 或 BCD 数据字。需要注意的是，在某些特定场合，全访问功能会丧失，因此"00"用作"装置4"识别码。

表 4-4 SDI 编码及含义

| 位号及编码 | | 装置号 |
|---|---|---|
| 10 | 9 | |
| 0 | 0 | 4/全访问 |
| 0 | 1 | 1 |
| 1 | 0 | 2 |
| 1 | 1 | 3 |

**3. 符号/状态矩阵（SSM）**

第 30~31 位，用于表示 BCD 数据字的符号，BNR 数据字发送设备硬件的状态（故障/正常），BCD 及 BNR 数据字的运行模式（功能测试）、数据字内容（非计算数据）的有效性，AIM 数据字的类型等，其编码及含义如表 4-5 所列。

表 4-5 SSM 编码及含义

| 位 号 | | 功能描述 | | |
|---|---|---|---|---|
| 30 | 31 | BCD 数据字（离散数据字） | BNR 数据字 | AIM 数据字 |
| 0 | 0 | 正、北、东、右、到、上 | 故障告警 | 中间字 |
| 0 | 1 | 非计算数据 | 非计算数据 | 初始字 |
| 1 | 0 | 功能测试 | 功能测试 | 结束字 |
| 1 | 1 | 负、南、西、左、从、下 | 正常工作 | 控制字 |

"故障告警"指源系统检测到故障后，通过设置"故障告警"代码来标识，提示输出的一个字或多个字不可靠，故障状态期间会不间断地发送包含该代码的数据字至数据总线；"非计算数据"指源系统由于系统故障以外的原因而不能计算可靠数据时，在受到影响的数据字内发出"非计算数据"代码以通告；"功能测试"指字内的数据是由于执行功能测试而产生的。"故障告警""非计算数据""功能测试""正常工作"状态优先级依次降低，如果多个状态同时出现，则按照优先级的高低发送具有最高优先级的代码。

BNR 数据字的符号（正/负、北/南、东/西、右/左、到/从、上/下等）由第 29 位通过设置 0/1 来确定。

**4. 数据区（DATA）**

第 11~29（28）位，用于对传输的数据进行编码，以便于传输，数据表示的内容依据标号的不同而具有不同的含义。对于 BCD 和 BNR 数据，每个数据可以根据系统要求采用两种数字语言编码的一种，也可以同时采用两种数字语言编码。两种数字语言编码的数据，对每一种都必须分配各自的标号以区分。

数据区中有未用位时，未用位应用二进制 0 填充。对于 BNR 和 BCD 数据字，其未用位除可填充二进制 0 外，也可用有效数据位或离散量填充。

### 5. 奇偶校验（PARITY）

第 32 位，用于检查发送的数据是否有效，检验时计算该字的第 1~31 位，以确定第 32 位。ARINC429 总线通常采用奇校验，只有在一些特定的测试中才会采用偶校验。奇校验是指在 32 位二进制位中包含 1 的个数应该为奇数，比如第 1~31 位中含有 1 的个数为 10 个，则第 32 位，也就是校验位应该为 1；如果含有 1 的个数为 11，则校验位应该为 0。接收设备按照相同规则进行检验，若检验到与规则不符，则可判定传输中有差错产生。由于奇偶校验不能判断出差错的具体码元，故其只具备一定的检错能力而不具备纠错能力。

### 4.3.2 数据字类型

#### 1. BCD 数据字

BCD 数据字数据区采用 BCD 码进行编码，即用 4 位二进制表示十进制数的编码方法，主要用来表示频率、即时位置、航向等。BCD 数据字格式如图 4-6 所示。

| 32 | 31 | 30 | 29 | 28 | 27 | 26 | 25 | 24 | 23 | 22 | 21 | 20 | 19 | 18 | 17 | 16 | 15 | 14 | 13 | 12 | 11 | 10 | 9 | 8 | 1 |
|---|---|---|---|---|---|---|---|---|---|---|---|---|---|---|---|---|---|---|---|---|---|---|---|---|---|
| P | SSM | | CH#1 | | | CH#2 | | | | CH#3 | | | | CH#4 | | | | CH#5 | | | | SDI | | LABEL | |

图 4-6 BCD 数据字格式

数据区为第 11~29 位，第 11 位为最低有效位，第 29 位为最高有效位。从第 11 位开始每 4 位为一组，一共分为 5 组。每一组表示一个十进制数，一共可以表示 5 位十进制数。第 1 组表示最高有效十进制数（只能表示到 7），第 5 组表示最低有效十进制数。当不需要用全部 5 位十进制数表示时，即有效位数用不完时，可用 0 或离散量填充，填充时从最低位开始。

BCD 数据字表示的数据大小由数据区的 5 位十进制数和该数据字的分辨率决定。下面举例说明 BCD 数据字编码及解析方法。

例 1：已知一个 BCD 数据字如下所示，试解析该数据字的大小和含义。

| 32 | 31 | 30 | 29 | 28 | 27 | 26 | 25 | 24 | 23 | 22 | 21 | 20 | 19 | 18 | 17 | 16 | 15 | 14 | 13 | 12 | 11 | 10 | 9 | 8 | 7 | 6 | 5 | 4 | 3 | 2 | 1 |
|---|---|---|---|---|---|---|---|---|---|---|---|---|---|---|---|---|---|---|---|---|---|---|---|---|---|---|---|---|---|---|---|
| 1 | 0 | 0 | 0 | 0 | 0 | 0 | 1 | 1 | 0 | 0 | 0 | 1 | 0 | 0 | 0 | 1 | 1 | 0 | 1 | 0 | 1 | 0 | 0 | 1 | 0 | 1 | 0 | 1 | 1 | 1 | 0 |

首先，按照 BCD 数据字结构将其五部分分别解析如下：

| 32 | 31 | 30 | 29 | 28 | 27 | 26 | 25 | 24 | 23 | 22 | 21 | 20 | 19 | 18 | 17 | 16 | 15 | 14 | 13 | 12 | 11 | 10 | 9 | 8 | 7 | 6 | 5 | 4 | 3 | 2 | 1 |
|---|---|---|---|---|---|---|---|---|---|---|---|---|---|---|---|---|---|---|---|---|---|---|---|---|---|---|---|---|---|---|---|
| 1 | 0 | 0 | 0 | 0 | 0 | 0 | 1 | 1 | 0 | 0 | 0 | 1 | 0 | 0 | 0 | 1 | 1 | 0 | 1 | 0 | 1 | 0 | 0 | 1 | 0 | 1 | 0 | 1 | 1 | 1 | 0 |
| 1 | 0 | 0 | | 0 | | | | 6 | | | | 2 | | | | 3 | | | | 5 | | 0 | 0 | | | 5 | | | 6 | | 1 |
| P | SSM | | | | | | | | | | DATA | | | | | | | | | | | SDI | | | | LABEL | | | | | |

标号为 165，根据标号查标准参数库可知标号 165 传输的是无线电高度数据，分辨率为 0.1，单位为英尺，有效位数为 5 位。数据区表示的数据大小为 06235，符号状态位 00 表示正值。因此，该数据字表示的无线电高度值为 6235×0.1=623.5 英尺。

例 2：写出表示直升机测距机距离为 215.36 海里的 BCD 数据字。

通过查标准参数库可知，测距机距离的标号为 201，分辨率为 0.01，单位为海里，有效位数为 5 位，所以可求得数据区数据值为：215.36÷0.01=21536。据此写出 BCD 数据字如下：

35

| 32 | 31 | 30 | 29 | 28 | 27 | 26 | 25 | 24 | 23 | 22 | 21 | 20 | 19 | 18 | 17 | 16 | 15 | 14 | 13 | 12 | 11 | 10 | 9 | 8 | 7 | 6 | 5 | 4 | 3 | 2 | 1 |
|---|---|---|---|---|---|---|---|---|---|---|---|---|---|---|---|---|---|---|---|---|---|---|---|---|---|---|---|---|---|---|---|
| 1 | 0 | 0 | 0 | 1 | 0 | 0 | 0 | 0 | 0 | 1 | 0 | 1 | 0 | 1 | 0 | 0 | 1 | 1 | 0 | 1 | 1 | 0 | 0 | 0 | 1 | 0 | 0 | 0 | 0 | 0 | 1 |
| 1 | 0 | 0 | | 2 | | | | 1 | | | | 5 | | | | 3 | | | | 6 | | 0 | 0 | | 1 | | | 0 | | | 2 |

## 2. BNR 数据字

BNR 数据字数据区采用 BNR 码进行编码。BNR 编码又称为 2 的补偿分数计数法，它将数据以二进制的形式整体存储。BNR 数据字用于表示数值范围比较宽的数和角度。经常用来表示燃油量、侧滑角、总温等参数，只不过它还依赖于一个外部比例因子。BNR 数据字格式如图 4-7 所示。

| 32 | 31 | 30 | 29 | 28 | 27 | 26 | 25 | 24 | 23 | 22 | 21 | 20 | 19 | 18 | 17 | 16 | 15 | 14 | 13 | 12 | 11 | 10 | 9 | 8 | 1 |
|---|---|---|---|---|---|---|---|---|---|---|---|---|---|---|---|---|---|---|---|---|---|---|---|---|---|
| P | SSM | | | MSB | | | | | | | | DATA | | | | | | | | LSB | | SDI | | LABEL | |

图 4-7 BNR 数据字格式

第 29 位为符号位，1 表示该数值为负值，0 则表示正值。如果数据为负数，除了符号位第 29 位置 1 外，数据区还需按补码进行编码。对于航向一类的角度参数，在 0°～180°范围内按正数编码，在 180°～360°范围内，则将其换算成相应的负角度后再进行编码。

BNR 数据字格式的主要特点：数据区的最高有效位表示最大值的 1/2，这个最大值就是每个具体参数规定的范围。BNR 数据字格式的标号、源/目的识别码和奇偶校验位与 BCD 数据字完全相同，只是其标号范围主要分布在 070～376，当然其中也有交叉。

BNR 数据字数据区如果数据表示的精度要求不高，数据有效位不足 18 位的，通常采用左对齐，右填充的方式，多余位一般采用 0 或离散量来进行填充。

下面举例说明 BNR 数据字编码及解析方法。

例 3：已知一个 BNR 数据字如下所示，试解析该数据字的大小和含义。

| 32 | 31 | 30 | 29 | 28 | 27 | 26 | 25 | 24 | 23 | 22 | 21 | 20 | 19 | 18 | 17 | 16 | 15 | 14 | 13 | 12 | 11 | 10 | 9 | 8 | 7 | 6 | 5 | 4 | 3 | 2 | 1 |
|---|---|---|---|---|---|---|---|---|---|---|---|---|---|---|---|---|---|---|---|---|---|---|---|---|---|---|---|---|---|---|---|
| 1 | 1 | 1 | 0 | 0 | 0 | 0 | 0 | 0 | 0 | 0 | 1 | 0 | 1 | 0 | 1 | 0 | 0 | 0 | 0 | 0 | 0 | 0 | 0 | 1 | 0 | 1 | 1 | 1 | 1 | 0 | 0 |

首先，按照 BNR 数据字结构将其五部分分别解析如下：

| 32 | 31 | 30 | 29 | 28 | 27 | 26 | 25 | 24 | 23 | 22 | 21 | 20 | 19 | 18 | 17 | 16 | 15 | 14 | 13 | 12 | 11 | 10 | 9 | 8 | 7 | 6 | 5 | 4 | 3 | 2 | 1 |
|---|---|---|---|---|---|---|---|---|---|---|---|---|---|---|---|---|---|---|---|---|---|---|---|---|---|---|---|---|---|---|---|
| 1 | 1 | 1 | 0 | 0 | 0 | 0 | 0 | 0 | 0 | 0 | 1 | 0 | 1 | 0 | 1 | 0 | 0 | 0 | 0 | 0 | 0 | 0 | 0 | 1 | 0 | 1 | 1 | 1 | 1 | 0 | 0 |
| 1 | 1 | 1 | 0 | | | | | | | | | | | | | | | | | | | | | 5 | | | | 7 | | | 0 |
| P | SSM | | + | | | | | | | | | DATA | | | | | | | | | | SDI | | | | LABEL | | | | | |

通过查标准参数库可知，标号 075 为总重，最大值为 8192，单位为 kN，有效位为 15 位，可知数据区有效位为 28～14 位，13～11 位为填充位。符号位为 0 表示数值为正值，所以可求得总重=8192×(1/128+1/512+1/2048)=84kN。

例 4：写出表示直升机大气总温为-25.75℃的 BNR 数据字。

通过查标准参数库可知，大气总温的标号为 211，最大值为 512，有效数据为 11 位。

据此可列式如下：25.75=512×(1/32+1/64+1/512+1/1024+1/2048)

故数据区的原码为：00001100111ppppppp（p 为填充位）。

由于数据为负值，因此数据区需用补码表示，补码为原码求反再加 1，最终写出 BNR 数据字如下：

| 32 | 31 | 30 | 29 | 28 | 27 | 26 | 25 | 24 | 23 | 22 | 21 | 20 | 19 | 18 | 17 | 16 | 15 | 14 | 13 | 12 | 11 | 10 | 9 | 8 | 7 | 6 | 5 | 4 | 3 | 2 | 1 |
|---|---|---|---|---|---|---|---|---|---|---|---|---|---|---|---|---|---|---|---|---|---|---|---|---|---|---|---|---|---|---|---|
|   |   |   |   | 0 | 0 | 0 | 0 | 1 | 1 | 0 | 0 | 1 | 1 | 1 | p | p | p | p | p | p | p |   |   |   |   |   |   |   |   |   |   |
|   |   |   |   | 1 | 1 | 1 | 1 | 0 | 0 | 1 | 1 | 0 | 0 | 0 | p | p | p | p | p | p |   |   |   |   |   |   |   |   |   |   |   |
|   |   |   |   | 1 | 1 | 1 | 1 | 0 | 0 | 1 | 1 | 0 | 0 | 1 | p | p | p | p | p | p |   |   |   | 1 |   |   | 1 |   |   | 2 |   |
| 0 | 1 | 1 | 1 | 1 | 1 | 1 | 1 | 0 | 0 | 1 | 1 | 0 | 0 | 1 | 0 | 0 | 0 | 0 | 0 | 0 | 0 | 0 | 0 | 1 | 0 | 0 | 1 | 0 | 0 | 0 | 1 |

### 3. 离散数据字

离散数据字有两种表示方法。一种是使用 BCD 数据字和 BNR 数据字的未用位来表示，其位分配的规则如下：首先给定第 11 位，接着按升序给定第 12 位等，直到离散数据结束为止。另一种是使用一个字来表示离散数据，通过通用离散数据字或专用离散数据字来表示。通用离散数据字占有 7 个标号即 270～276，这些标号按升序使用，即从 270 开始使用，直到 276 为止。专用离散数据字主要用于使用离散字较多的源系统。通用离散数据字格式如图 4-8 所示。

| 32 | 31 | 30 | 29 | 28 | 27 | 26 | 25 | 24 | 23 | 22 | 21 | 20 | 19 | 18 | 17 | 16 | 15 | 14 | 13 | 12 | 11 | 10 | 9 | 8 | 1 |
|---|---|---|---|---|---|---|---|---|---|---|---|---|---|---|---|---|---|---|---|---|---|---|---|---|---|
| P | SSM(00) |  |  |  |  |  |  | 离散数据 |  |  |  |  |  |  |  |  |  |  |  |  |  | SDI |  | LABEL |  |

图 4-8 通用离散数据字格式

通用和专用离散数据字离散数据区各位的不同状态表示不同的含义，如表 4-6 所列。

表 4-6 离散数据字（大气数据）

| 位号 | 功能 | 位状态 0 | 位状态 1 |
|---|---|---|---|
| 1～8 | 标号（label）270 |  |  |
| 9～10 | 源/目标标识（SDI） |  |  |
| 11 | 结冰检测器（icing detector） | 断开 | 接通 |
| 12 | 全压管加温（pitot probe heat） | 断开 | 接通 |
| 13 | 数据系统计算机状态（ADS computer statue） | 良好 | 故障 |
| 14 | 全压管/静压管温度（pitot/static probe heat） | 断开 | 接通 |
| 15 | 静压源加温（static source heat） | 断开 | 接通 |
| 16 | 总温探头加温（TAT probe heat） | 断开 | 接通 |
| 17 | 左侧迎角传感器加温（left side angle of attack sensor heat） | 断开 | 接通 |
| 18 | 右侧迎角传感器加温（right side angle of attach sensor heat） | 断开 | 接通 |
| 19 | 过速告警（overspeed warning） | 不告警 | 告警 |
| 20～26 | 保留 |  |  |
| 27 | 迎角交错纠正（angle of attach alternate correction） | 不纠正 | 纠正 |
| 28 | 气压修正到 A 通道（baro-correction port "A"） | 不修正 | 修正 |
| 29 | 零马赫静态源误差修正（zero mach SSEC） | 不修正 | 修正 |
| 30～31 | 符号/状态位（SSM） |  |  |
| 32 | 奇校验位（odd parity） |  |  |

### 4. 维护数据字

通用维护数据字占有 5 个标号（350～354）。该标号的使用和通用离散数据字相同，也按升序使用，即只传输一个维护数据字时，就用标号 350，当传输超过一个维护数据字时，首先用 350，再按升序使用，直到维护信息结束为止。

通用维护数据字内可包含离散数据、BCD 和 BNR 数据，但不包括 ISO 5 号字母表信息。通用维护数据字格式如图 4-9 所示。

| 32 | 31 | 30 | 29 | 28 | 27 | 26 | 25 | 24 | 23 | 22 | 21 | 20 | 19 | 18 | 17 | 16 | 15 | 14 | 13 | 12 | 11 | 10 | 9 | 8 | 1 |
|---|---|---|---|---|---|---|---|---|---|---|---|---|---|---|---|---|---|---|---|---|---|---|---|---|---|
| P | SSM (00) | | | | | | | 维护数据 | | | | | | | | | | | | | | SDI | | LABEL | |

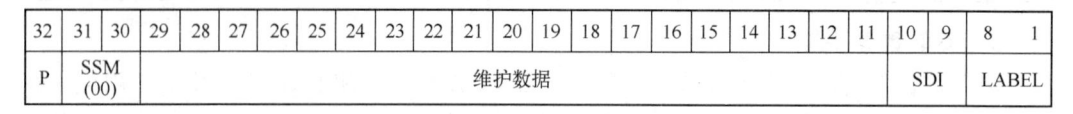

图 4-9　维护数据字格式

### 5. AIM 数据字

AIM 数据字包括应答数据字、ISO 5 号字母表中的数据字和含有 ISO 5 号字母表中维护信息数据字 3 种，可以传输多于 21 位的数据包，源系统把要传输的信息分成几组：包含初始字、控制字（可选字）、中间字（可选字）、结束字等，每个字仍由 32 位组成。

应答数据字的标号为 355，ISO 5 号字母表中的数据字的标号为 357，含有 ISO 5 号字母表中维护信息数据字的标号为 356。

AIM 数据字传输过程中标号始终不变。

1）初始字

每组的第一个字为"初始字"，初始字必须有，其格式如下：

（1）应答初始字。

第 1~8 位为标号 355。

第 9~16 位为用二进制表示的本组要传输的字数（含初始字），若本组只需要传输一个初始字（传输信息位总数不大于 13），那么第 9~16 位为二进制"0"。

第 17~29 位为传输的信息（格式根据协议定）。

第 30~31 位为符号/状态矩阵。

第 32 为奇偶校验位。

字格式如图 4-10 所示。

| 32 | 31 | 30 | 29 | 28 | 27 | 26 | 25 | 24 | 23 | 22 | 21 | 20 | 19 | 18 | 17 | 16 | 15 | 14 | 13 | 12 | 11 | 10 | 9 | 8 | 1 |
|---|---|---|---|---|---|---|---|---|---|---|---|---|---|---|---|---|---|---|---|---|---|---|---|---|---|
| P | SSM (01) | | | | | 应答数据（格式未规定） | | | | | | | | | | | | 字计数（BNR计数） | | | | | | LABEL (355) | |

图 4-10　应答初始字格式

（2）维护初始字。

第 1~8 位为标号 356。

第 9~16 位为用二进制表示的本组要传输的字数（含初始字），若本组只需要传输一个初始字（传输信息位总数不大于 13），那么第 9~16 位为二进制"0"。

第 17~22 位为"0"。

第 23~29 位为 ISO 5 号字母表中控制字符的"STX"代码。

第 30~31 位为符号/状态矩阵。

第 32 为奇偶校验位。

字格式如图 4-11 所示。

| 32 | 31 30 | 29 28 27 26 25 24 23 | 22 21 20 19 18 17 | 16 15 14 13 12 11 10 9 | 8 1 |
|---|---|---|---|---|---|
| P | SSM (01) | "STX" 代码 | 备用 (0) | 字计数 （二进制数） | LABEL (356) |

图 4-11　维护初始字格式

（3）ISO 5 号字母表初始字。

第 1~8 位为标号 357。

第 9~16 位为用二进制表示的本组要传输的字数（含初始字），若本组只需要传输一个初始字（传输信息位总数不大于 13），那么第 9~16 位为二进制"0"。

第 17~22 位为单位寻址。

第 23~29 位为 ISO 5 号字母表中控制字符的"STX"代码。

第 30~31 位为符号/状态矩阵。

第 32 为奇偶校验位。

字格式如图 4-12 所示。

| 32 | 31 30 | 29 28 27 26 25 24 23 | 22 21 20 19 18 17 | 16 15 14 13 12 11 10 9 | 8 1 |
|---|---|---|---|---|---|
| P | SSM (01) | "STX" 代码 | 单位寻址 | 字计数 （二进制数） | LABEL (357) |

图 4-12　ISO 5 号字母表初始字格式

2）控制字

维护数据及 ISO 5 号字母表的第 2 个字为"控制字"。控制字为选用字，根据系统需要选用，其格式如下：

第 1~8 位为标号 356 或 357。

第 9~13 位为用二进制表示的行计数。

第 14~16 位为彩色编码。

第 17~18 位为亮度编码。

第 19~20 位为字符尺寸编码。

第 21 位为闪烁显示。

第 22~29 位为"0"。

第 30~31 位为"11"。

第 32 为奇偶校验位。

控制字格式如图 4-13 所示。

| 32 | 31 | 30 | 29 28 27 26 25 24 23 22 | 21 | 20 19 | 18 17 | 16 15 14 | 13 12 11 10 9 | 8 1 |
|---|---|---|---|---|---|---|---|---|---|
| P | 1 | 1 | "0" | 闪烁显示 | 字符尺寸编码 | 亮度编码 | 彩色编码 | 行计数 （二进制） | LABEL (356/357) |

图 4-13　控制字格式

3）中间字

中间字跟在初始字或控制字之后，为选用字，只有当数据的位数多于初始字和结束字所能容纳的位数时才选用中间字。

（1）应答中间字。

第1～8位为标号。

第9～29位为应答数据。

第30～31位为"00"。

第32为奇偶校验位。

应答中间字格式如图4-14所示。

| 32 | 31 | 30 | 29 | 28 | 27 | 26 | 25 | 24 | 23 | 22 | 21 | 20 | 19 | 18 | 17 | 16 | 15 | 14 | 13 | 12 | 11 | 10 | 9 | 8 | 1 |
|---|---|---|---|---|---|---|---|---|---|---|---|---|---|---|---|---|---|---|---|---|---|---|---|---|---|
| P | 0 | 0 | \multicolumn{21}{c|}{应答数据（格式未规定）} | \multicolumn{2}{c|}{LABEL (355)} |

图4-14 应答中间字格式

（2）ISO 5号字母表中间字。

第1～8位为标号。

第9～29位分为3个字段，每个字段7位，表示一个ISO 5号字母表中的字符。

第30～31位为"00"。

第32为奇偶校验位。

ISO 5号字母表中间字格式如图4-15所示。

| 32 | 31 | 30 | 29 | 28 | 27 | 26 | 25 | 24 | 23 | 22 | 21 | 20 | 19 | 18 | 17 | 16 | 15 | 14 | 13 | 12 | 11 | 10 | 9 | 8 | 1 |
|---|---|---|---|---|---|---|---|---|---|---|---|---|---|---|---|---|---|---|---|---|---|---|---|---|---|
| P | 0 | 0 | \multicolumn{7}{c|}{CH#3} | \multicolumn{7}{c|}{CH#2} | \multicolumn{7}{c|}{CH#1} | \multicolumn{2}{c|}{LABEL (357)} |

图4-15 ISO 5字母表中间字格式

（3）维护中间字。

标号为356，其他的同ISO 5号字母表中间字。

4）结束字

每组的结尾为结束字。

（1）应答结束字。

第1～8位为标号355。

第9～29位为应答数据。

第30～31位为"10"。

第32为奇偶校验位。

应答结束字格式如图4-16所示。

| 32 | 31 | 30 | 29 | 28 | 27 | 26 | 25 | 24 | 23 | 22 | 21 | 20 | 19 | 18 | 17 | 16 | 15 | 14 | 13 | 12 | 11 | 10 | 9 | 8 | 1 |
|---|---|---|---|---|---|---|---|---|---|---|---|---|---|---|---|---|---|---|---|---|---|---|---|---|---|
| P | 1 | 0 | \multicolumn{21}{c|}{应答数据（格式未规定）} | \multicolumn{2}{c|}{LABEL (355)} |

图4-16 应答结束字格式

（2）ISO 5 号字母表结束字。

第 1~8 位为标号 357。

第 9~29 位分为 3 个字段，每字段 7 位，表示一个 ISO 5 号字母表中的字符。

第 30~31 位为"10"。

第 32 为奇偶校验位。

ISO 5 号字母表结束字格式如图 4-17 所示。

| 32 | 31 | 30 | 29 | 28 | 27 | 26 | 25 | 24 | 23 | 22 | 21 | 20 | 19 | 18 | 17 | 16 | 15 | 14 | 13 | 12 | 11 | 10 | 9 | 8 | 1 |
|---|---|---|---|---|---|---|---|---|---|---|---|---|---|---|---|---|---|---|---|---|---|---|---|---|---|
| P | 1 | 0 | CH#3 ||||||| CH#2 ||||||| CH#1 ||||||| LABEL (357) ||

图 4-17 ISO 5 号字母表结束字格式

（3）维护结束字。

标号为 356，其他的同 ISO 5 号字母表结束字。

## 4.4 传输控制

### 4.4.1 传输过程

ARINC429 总线采用广播传输，每个接收设备都能接到来自发送设备传来的信号，但只有应该接收该信息的接收设备才将信号接收下来，其余的接送设备则会将接收到的信号直接丢弃。由于采用开环传输方式，不要求接收设备通知发送设备已接收到信息。

发送顺序：先传标号，再传数据；标号先传最高位，再依次传低位，最后传最低位；传输数据时先传最低位，再依次传高位，最后传最高位，即

8，7，6，5，4，3，2，1，9，10，11，…，32

接收顺序：接收设备输入端接收到发送来的信息后，先为信号选择合适的移位寄存器；

再依据源/目标识别码和标号判断是否应该接收；不需接收时直接舍弃，否则再进行奇偶校验判断数据是否存在错误；若无错误，则进行数据解读。

### 4.4.2 文件数据传输

文件数据传输采用指令、响应协议进行，其传输的数据为二进制数据字和 ISO 5 号字母表字符两种。文件的结构形式是：一个文件由 1~127 个记录组成，每个记录又由 1~126 个数据字组成。文件传输协议规定如下。

**1. 传输控制字**

传输控制字包括初始字、中间字和结束字。

1）初始字

初始字有 8 种类型：请求发送初始字（发送设备到接收设备）、清除发送初始字（接收设备到发送设备）、数据跟随初始字（发送设备到接收设备）、接收正确初始字（接收

设备到发送设备）、接收不正确初始字（接收设备到发送设备）、失步初始字（接收设备到发送设备）、标题信息初始字（发送设备到接收设备）、查询初始字（双向）。其字段结构及内容如表 4-7 所列。

表 4-7 文件传输初始字

| 初始字类型 | 字段（位号） | 字段内容 |
|---|---|---|
| 请求发送<br>（发送设备到<br>接收设备） | 1~8<br>9~15<br>16~22<br>23~29 | 协议规定的文件标号<br>待发送记录的二进制计数值（最高 127）<br>二进制"0"<br>ISO 5 号字母表控制字符"DC2" |
| 清除发送<br>（接收设备到<br>发送设备） | 1~8<br>9~15<br>16~21<br>22<br>23~29 | 协议规定的文件标号<br>接收设备未准备好接收数据时为二进制"0"；接收设备准备好接收数据时，接收设备能接收的最长记录数或 32 位字的字数（二进制）<br>二进制"0"<br>接收设备未准备好或位号 9~15 表示记录数时为"0"；当位号 9~15 表示 32 位字的字数时为"1"<br>ISO 5 号字母表控制字符"DC3" |
| 数据跟随<br>（发送设备到<br>接收设备） | 1~8<br>9~15<br>16~22<br>23~29 | 协议规定的文件标号<br>记录内待发送的 32 位数据字的二进制计数值（最高 126）<br>本记录序号（二进制）<br>ISO 5 号字母表控制字符"STX" |
| 接收正确<br>（接收设备到<br>发送设备） | 1~8<br>9~15<br>16~22<br>23-29 | 协议规定的文件标号<br>记录内字数的二进制计数（最高 126）<br>本记录序号（二进制）<br>ISO 5 号字母表控制字符"ACK" |
| 接收不正确<br>（接收设备到<br>发送设备） | 1~8<br>9~15<br>16~22<br>23~29 | 协议规定的文件标号<br>记录内字数的二进制计数（最高 126）<br>产生错误的记录序号（二进制）<br>ISO 5 号字母表控制字符"NAK" |
| 失步<br>（接收设备到<br>发送设备） | 1~8<br>9~15<br>16~22<br>23~29 | 协议规定的文件标号<br>二进制"0"<br>二进制"0"<br>ISO 5 号字母表控制字符"SYN" |
| 标题信息<br>（发送设备到<br>接收设备） | 1~8<br>9~15<br>16~22<br>23~29 | 协议规定的文件标号<br>待传输文件内记录数的二进制计数<br>二进制"0"<br>ISO 5 号字母表控制字符"SOH" |
| 查询<br>（双向） | 1~8<br>9~15<br>16~22<br>23~29 | 协议规定的文件标号<br>二进制"0"<br>二进制"0"<br>ISO 5 号字母表控制字符"ENQ" |

2）中间字

中间字用来传输文件的数据。传送 ISO 5 号字母时，第 1~8 位为标号 357，第 9~29 位规定为 ISO 5 号字母表字符；传送 BNR 数据时，第 1~8 位为文件标号，第 9~29 位为二进制数据。第 30~31 位按字类型编码，第 32 位为奇偶校验位。

3）结束字

每条记录以结束字结束，结束字包含错误控制信息。结束字第 1~8 位为协议规定的文件标号，第 9~29 规定为错误控制检查和，检查和根据每个记录中间字的位号第 9~31 位的状态计算出来的，第 30~31 位按字类型编码，第 32 位为奇偶校验位。文件标号根据文件的应用而定，包括管理计算机系统相互通信等，如需要有优先级操控能力，有必要给这些应用中的文件分配一个以上的标号。

**2. 传输及错误处理**

1）正常传输

当发送设备有数据要送往接收设备时，发送设备通过传输总线发送"请求发送"初始字（其中包括待发送的记录个数），接收设备收到此初始字后，通过另一条传输总线以"清除发送"初始字作为应答，表示接收设备准备好可以接收数据。发送设备收到此应答后，先发送第一个记录。在发送记录的过程中，先发送"数据跟随"初始字，内容包括记录的序号及记录内的字数，后跟"中间字"及"结束字"。接收设备处理"结束字"的错误控制信息，如果无误，则发送"接收正确"初始字以结束一个记录的传输。接着进行下一个记录的传输，直到文件传输完毕。

2）错误处理

（1）接收设备未准备好。发送设备发送"请求发送"初始字后，接收设备则以"清除发送"初始字作为应答，若该初始字的内容为接收设备未准备好（第 9～15 位为二进制"0"）时，发送设备应等待 200ms 后再重发"请求发送"初始字。直到发送设备接收到接收设备准备好的"清除发送"初始字后，才能按正常传输进行文件数据传输。

注：文件数据传输时，如果发送设备发出"请求发送"初始字后，没有在规定的时间内收到接收设备的响应，则发送设备应间隔 50ms 后再发送一次"请求发送"初始字，若重复两次仍未收到接收设备的响应，则发送设备可按正常传输发送"数据跟随"初始字、中间字、结束字，直到文件数据传输完毕。这种文件数据传输处理方式称为降格工作方式，通过降格处理，使得接收设备到发送设备的传输总线即使发生故障也能进行文件数据传输。

（2）奇偶校验错。接收设备在接收过程中检查到一个奇偶校验错后，接收设备应立即发送"接收不正确"初始字，请求错误校正。这时，发送设备应中断发送并回到被识别错误的起点，再按正常传输发送"数据跟随"初始字、中间字及结束字，直到文件数据传输完毕。

（3）失步。接收设备通过发送"失步"初始字，随时向发送设备发送"失步"通知，发送设备收到该字后，应立即终止数据传输，并回到文件的起点，再按正常传输重新发送。

3）标题信息传输

发送设备在不发送自身文件，也不请求接收文件时，允许发送设备发送文件规模。发送设备只发送一个"标题信息"初始字给接收设备。

4）联络

在两终端间彼此有信息连续交换的系统内，甲终端发出"查询"初始字后，乙终端若有数据需要发送，就发送"请求发送"初始字作为响应；若乙终端无数据发送，则向甲终端也发一个"查询"初始字，以询问甲终端是否有数据向乙终端发送。

## 4.5 接口逻辑

接口芯片及接口板是 ARINC429 总线大规模应用的基础，早期人们通过离散器件搭建 ARINC429 接口电路，后来出现了工业标准的 ARINC429 芯片组，在接口芯片的基础上，各厂商又根据应用需要，研发了满足各种接口要求的 ARINC429 总线接口板，通过接口板及其驱动，用户可以快速完成 ARINC429 总线的设计与开发。下面对 ARINC429 总线的主要接口芯片和接口板做一下简单介绍。

### 4.5.1 接口芯片

ARINC429 总线接口芯片最著名的为 Harris（现为 Intersil）公司的 HS-3282 和 HS-3182。其他公司研发的与 HS-3282 兼容的芯片主要有 DDC 公司的 DD-03282、EDI 公司的 EDI1016、HOLT 公司的 HI-3282、沈阳微电子研究所的 LC3282 等；与 HS-3182 兼容的芯片主要有 DDC 公司的 DD-03182、ED 公司的 BD429、HOLT 公司的 HI-3182 等。

HS-3182 通常与 HS-3282 发送器相连，作为电平转换芯片，将 TTL 电平数据信号转变成双极性三态归零码电平后发送到 ARINC429 总线。由于其结构和功能相对简单，在此就不再详细介绍，以下主要介绍 ARINC429 总线接口芯片 HS-3282。

HS-3282 是为 ARINC429 总线规范量身定做的高性能 CMOS 429 接口芯片，有两个独立的接收器和一个独立的发送器。每个接收器可以直接连在 ARINC429 总线上，接收双极性三态归零码信号，把 32 位的串行数据转换成两个 16 位的并行数据。发送器从 FIFO 存储器中顺序地取出待发 ARINC429 数据字，把两个 16 位的并行数据转换成 32 位 TTL 电平的串行数据，再经 HS-3182 电平转换后，发送到 ARINC429 总线。

**1. 主要性能**

（1）数据传输率为 100kb/s 或 12.5kb/s，内部操作时钟为 1MHz。
（2）独立的单发送和双接收通道。
（3）数据字长度为 25 位或 32 位。
（4）可编程的奇偶校验。
（5）自动产生字与字之间的间隔。
（6）符合军用温度范围要求。
（7）符合 ARINC429 总线规范电压要求。
（8）使用标准的 5V 电源电压。

**2. 电路组成**

HS-3282 内部电路如图 4-18 所示，其主要由接收通道、发送通道以及控制字寄存器等三大部分组成。

1) 接收通道

接收通道主要由线性接收器、自测试信号选择器、字间隔定时器、数据移位寄存器、源目标解码器等组成。

（1）线性接收器（LINE RECEIVER）：用于电平转换，将 ARINC429 总线输出的 10V 差分电平转换成 5V 内部逻辑电平。

（2）自测试信号选择器（SEL）：用于进行通道自测试，输入一路为线性接收器的输出，另一路为发送器输出信号（SELF TEST）。

（3）字间隔定时器（WORD GAP）：用于对接收的数据进行采样，以产生数据时钟。接收采样频率（RCV CLK）由接收发送定时电路产生（1MHz 或 125kHz），采样频率要求为数据传输速率的 10 倍，以确保采样无误。

（4）数据移位寄存器（DATA S/R）：接收数据时钟产生后，用于移动数据到 32 位的长数据移位寄存器中，数据字的长度可以是 25 位也可以是 32 位。当一个字被全部接收后，字间隔定时器电路立即产生一个 WDCNT 信号。

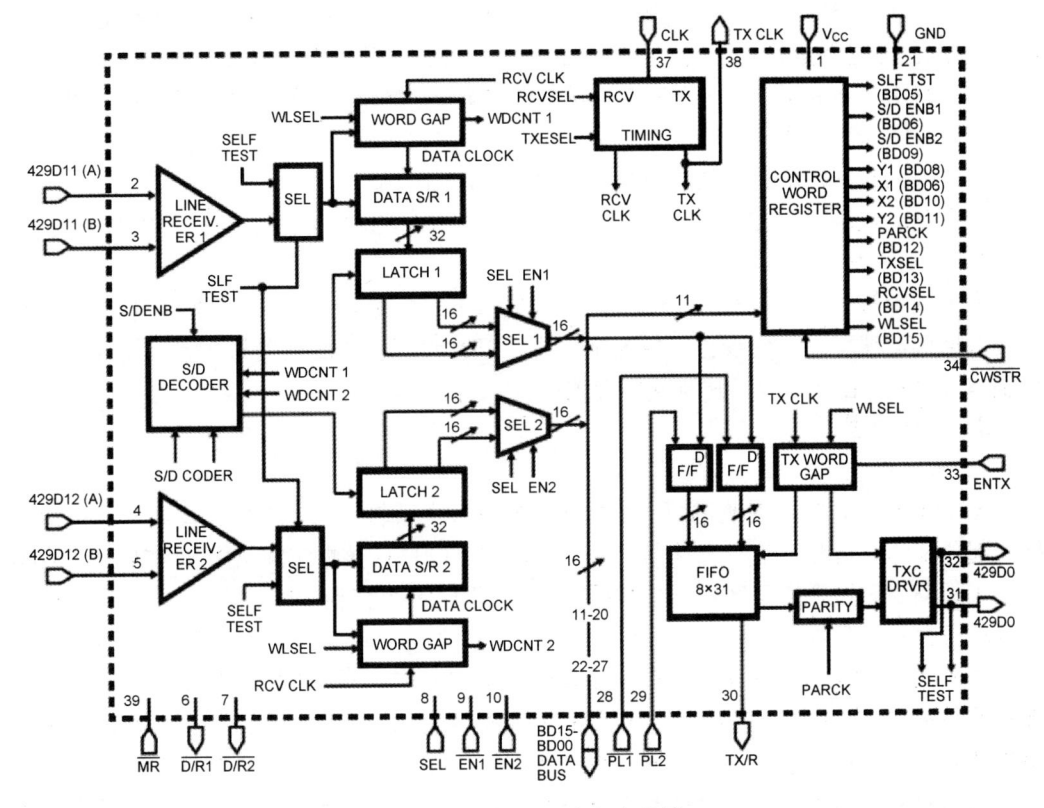

图 4-18  HS-3282 内部电路图

（5）源/目标解码器（S/D DECODER）：把用户设定的 S/D 码（X 和 Y，见控制字）与数据位的第 9 和第 10 位进行比较，如果匹配，产生一个信号到 LATCH，以锁存接收到的数据。否则数据被放弃，不产生锁存动作。S/D ENB 信号控制 S/D DECODER 是否进行解码。如果数据被锁存，将产生一个指示信号 $\overline{D/R}$，表示有一个有效数据等待取走。

2）发送通道

发送通道主要由存储器、奇偶校验码产生器、发送器字间隔定时器及驱动电路等组成。

（1）存储器（FIFO）：FIFO 存储器输入寄存器由两个 16 位 D 型触发器组成，它们分别由 $\overline{PL1}$ 和 $\overline{PL2}$ 控制，在 $\overline{PL}$ 信号的正半周期内，总线上来的数据被写入 D 型触发器。如果 FIFO 存储器是空的或不满，数据会自动在存储器栈中下移，直到 FIFO 存储空间满。FIFO 的空间最多保持 8 个 31 位的数据字，如果 FIFO 的空间已满，新的数据仍由 $\overline{PL}$ 写入输入寄存器，新的数据会冲掉原数据，而 FIFO 的数据指针，使数据顺序下移到发送寄存器中。FIFO 存储器输出寄存器在输出使能 ENTX 信号的作用下，输出 24 位或 31 位字长的数据字，字长的选择由 WL SEL 控制。发送器字间隔定时器（TX WORD GAP）会自动地在每个字后加上 4 位空位。当输出使能 ENTX 信号一直保持逻辑 1 时，栈移动信号一直使数据外传，数据将连续发送，直到 FIFO 中的最后一个数据发出去为止，这时

TX/R 将产生信号 1，提示发送器空。位计数器用于检查每个数的最后一位是否发送完。如果发送完，再将奇偶校验位加上。

（2）奇偶校验码产生器（PARITY）：产生奇偶校验码。通过控制信号 PARCK 进行控制，PARCK 设置成逻辑 1 时，将产生奇校验，相反，则产生偶校验。

（3）发送器字间隔定时器（TX WORD GAP）：用于对发送的数据进行采样，以产生数据时钟。发送采样频率（TX CLK）由接收发送定时电路产生（1MHz 或 125kHz），采样频率要求为数据传输速率的 10 倍，以确保采样无误。

（4）驱动电路（TXC DRVR）：用于将完整的 ARINC429 数据字发送至数据总线。

3）控制寄存器

为了减少管脚数目，设计了一个内部控制字寄存器，通过与 16 位数据总线管脚复用，实现数据传输速率、奇偶校验、数据字长度、S/D 码等参数的设置与存储。控制字通过控制信号 $\overline{CWSTR}$ 从数据口传到此寄存器中。

### 3. 工作原理

1）数据接收

ARINC429 总线数据通过两个线性接收器进行电平转换后，与来自发送器的自检数据一起分别送入自测试信号选择器。经选择后得到的自检数据字或 ARINC429 总线数据字被字间隔定时器采样后产生一个数据时钟，数据时钟再把相应的数据移入一个 32 位数据移位寄存器。当数据字完全接收后，字间隔定时器立即产生一个 WDCNT 信号，并输出至源/目标解码器，数据移位寄存器在 S/D ENB 使能信号的控制下，把用户在控制字中设定的装置码（X 和 Y）与数据字的第 9 位和第 10 位进行比较，如果匹配，发出一个负电平使能信号去锁存接收到的数据，否则数据被忽略。如果数据字被锁存，则设置一个指示标志 $\overline{D/R}$，表明一个有效的数据字准备被用户读取。当用户读取数据时，首先要给 SEL 信号一个逻辑 0 电平并给 $\overline{EN}$ 一个脉冲，然后获取包括标号的第一个 16 位数据字；再给 SEL 信号一个逻辑 1 电平并给 $\overline{EN}$ 一个脉冲，则获取第二个 16 位数据字。$\overline{EN}$ 的脉冲要和用户所使用的锁存数据字的电路相匹配。第二个 $\overline{EN}$ 脉冲还用于复位 D/R 信号，一个取数周期完成。接收到的数据从 16 位的数据线 BD 输出。

2）数据发送

从数据总线 BD 输入的数据通过两个 16 位 D 型触发器，先在 $\overline{PL1}$ 控制下，将第一个 16 位数据写入 FIFO 输入寄存器，再在 $\overline{PL2}$ 控制下，将第二组 16 位数据写入 FIFO 输入寄存器，从而完成 1 个 32 位数据字的输入。反复选通 $\overline{PL1}$ 和 $\overline{PL2}$，最终实现 8 个数据字的输入。当输出使能 ENTX 信号一直保持逻辑 1 时，栈移动信号一直使数据弹出，数据将连续发送，直到 FIFO 中的最后一个数据发出去为止。发送完成后 FIFO 存储器置 TX/R 信号为 1，提示发送器空，准备接收下一组数据字。

### 4. 引脚及功能

HS-3282 引脚如图 4-19 所示。

各引脚及功能如下：

VDD：输入，外接电源+5V±10%。

429DI1（A）：输入，ARINC429 数据接收器 1。

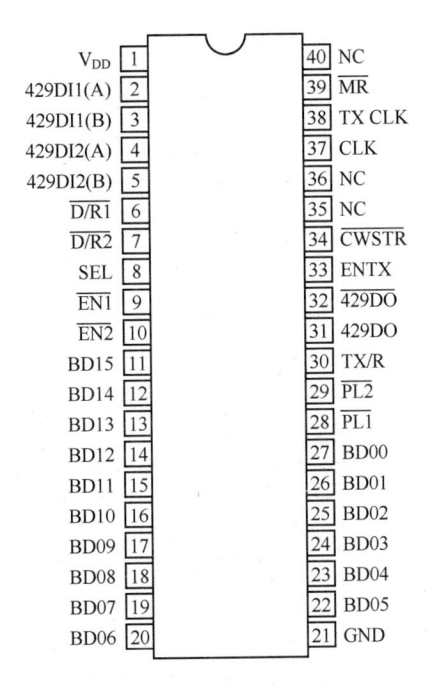

```
V_DD      1        40  NC
429DI1(A) 2        39  MR
429DI1(B) 3        38  TX CLK
429DI2(A) 4        37  CLK
429DI2(B) 5        36  NC
D/R1      6        35  NC
D/R2      7        34  CWSTR
SEL       8        33  ENTX
EN1       9        32  429DO
EN2       10       31  429DO
BD15      11       30  TX/R
BD14      12       29  PL2
BD13      13       28  PL1
BD12      14       27  BD00
BD11      15       26  BD01
BD10      16       25  BD02
BD09      17       24  BD03
BD08      18       23  BD04
BD07      19       22  BD05
BD06      20       21  GND
```

图4-19　HS-3282芯片引脚图

429DI1（B）：输入，ARINC429数据接收器1。
429DI2（A）：输入，ARINC429数据接收器2。
429DI2（B）：输入，ARINC429数据接收器2。
$\overline{D/R1}$：输出，接收器1接收到一个有效数据等待读取。
$\overline{D/R2}$：输出，接收器2接收到一个有效数据等待读取。
SEL：输入，数据选择信号，表示从接收器选择第一个或第二个16位数据字。
$\overline{EN1}$：输入，允许接收器1的数据到数据总线。
$\overline{EN2}$：输入，允许接收器2的数据到数据总线。
BD00~BD15：输入/输出，接收/发送并行数据口，输出接收数据，或输入发送数据，或输入控制字寄存器数据。
$\overline{PL1}$：输入，并行加载信号，把第一个16位数据装入存储器。
$\overline{PL2}$：输入，并行加载信号，把第二个16位数据装入存储器，并且将数据移入存储器栈。
TX/R：输出，发送器输出标志，表示发送器的存储器空。
429DO：输出，发送器数据输出。
$\overline{429DO}$：输出，发送器数据输出。
ENTX：输入，数据发送使能。
$\overline{CWSTR}$：输入，控制字输入选通，可锁存数据总线上的控制字并送入控制寄存器。
GND：输入，电路接地线。
CLK：输入，外部时钟输入。
TX CLK：输出，发送器时钟输出。
$\overline{MR}$：输入，总复位信号。

## 5. 控制字设置

控制字为 11 位，其控制功能及引脚设置如表 4-8 所列。

表 4-8 控制功能及引脚设置

| 引脚 | 标记 | 功能与设置 |
|---|---|---|
| BD05 | SLF TST | 连接自测试信号（直接从发送器连到接收器移位寄存器），逻辑"0"有效，接收器 1 收到真实数据，接收器 2 收到反相数据。注意此时发送器输出端要保持激活状态 |
| BD06 | S/D ENB1 | 激活接收器 1 的源/目的地址译码器信号，逻辑"1"有效 |
| BD07 | X1 | 此位与接收的数据第 9 位比较，S/D ENB1="1"时有效。如果 Y1 也匹配，数据会被接收器 1 接收 |
| BD08 | Y1 | 此位与接收的数据第 10 位比较，S/D ENB1="1"时有效。如果 X1 也匹配，数据会被接收器 1 接收 |
| BD09 | S/D ENB2 | 激活接收器 2 的源/目的地址译码器信号，逻辑"1"有效 |
| BD10 | X2 | 此位与接收的数据第 9 位比较，S/D ENB2="1"时有效。如果 Y2 也匹配，数据会被接收器 2 接收 |
| BD11 | Y2 | 此位与接收的数据第 10 位比较，S/D ENB2="1"时有效。如果 X2 也匹配，数据会被接收器 2 接收 |
| BD12 | PARCK | 奇偶校验控制。逻辑"0"为奇校验，逻辑"1"为偶校验 |
| BD13 | TXSEL | 高/低发送率选择。TXSEL="0"，发送数据率等于时钟频率的 1/10；TXSEL="1"，发送数据率等于时钟频率的 1/80 |
| BD14 | RCVSEL | 高/低接收率的选择。RCVSEL="0"，接收数据率等于时钟频率的 1/10；RCVSEL="1"，接收数据率等于时钟的 1/80 |
| BD15 | WLSEL | 字长选择。WLSEL="0"，则工作在 32 位字长下；WLSEL="1"，则工作在 25 位字长格式下 |

## 6. 数据映射关系

ARINC429 总线系统中，数据交换按照 ARINC429 数据字格式进行，而 ARINC429 总线数据接口芯片 HS-3282 在收发数据时却按照 HS-3282 数据字进行，两种数据字对应关系如图 4-20 所示。

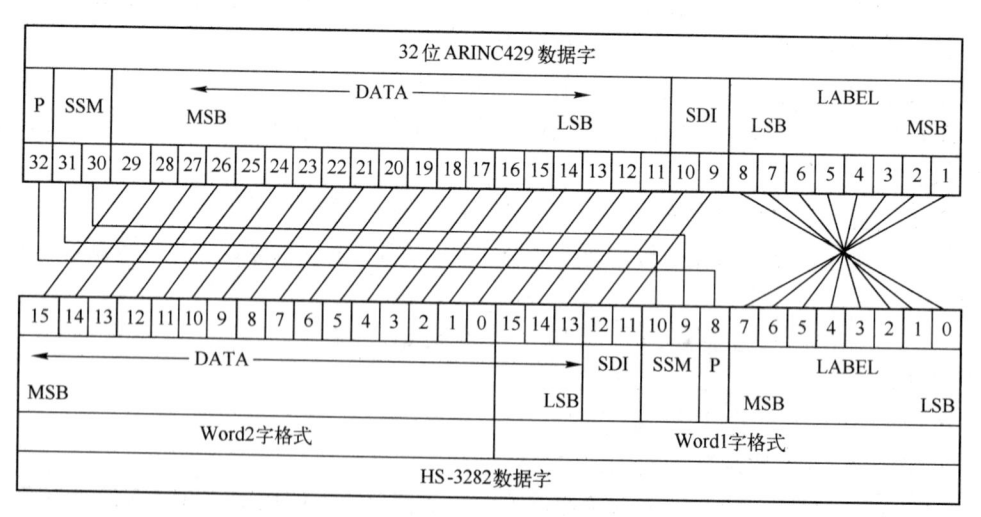

图 4-20 ARINC429 数据字与 HS-3282 数据字之间的对应关系

从图中可以看出，HS-3282 数据字由两个 16 位数据字构成，其中 Word1 为 HS-3282 数据字数据低 16 位，而 Word2 是 HS-3282 数据字数据高 16 位。由于 ARINC429 数据字与 HS-3282 数据字不是按位顺序对应，因此需要通过软件实现两种数据字之间的转换：在发送时，要完成 ARINC429 数据字向 HS-3282 数据字的转换；在接收时，要完成 HS-3282 数据字向 ARINC429 数据字的转换。

### 4.5.2 接口板

接口芯片在应用时需要设计相应的外围电路，不方便使用，为此，国内外研究机构针对不同的应用场景，基于成熟的接口芯片相继研制生产出了成套 ARINC429 总线接口板，实现了 ARINC429 总线与其他数据总线之间的通信。如美国 DDC 公司生产的 DD-429XRP5-300 系列、DE 公司生产的 IP429 系列、陕西正鸿航科电子有限公司生产的 ZHHK429 系列、北京豪恩科技有限公司生产的 HT ARINC429 系列和成都恩菲特科技有限公司生产的 EP ARINC429 系列板卡等。

EP ARINC429 系列接口板基于自身研发的 EP-H3280 接口芯片设计，符合 ARINC429、HB6096-86 SZ-01 及 ГOCT18977 标准要求，能实现完全自主可控。产品接口形式多样，最多支持 16 个接收通道和 16 个发送通道，且每个通道的发送/接收速率均可以单独设置。提供支持多种编程工具的动态链接库，方便用户在不同的环境下进行二次开发。

**1. 主要特点**

（1）支持 USB、PCI、PCIe、cPCI/PXI、PC/104、PC/104 Plus、PCMCIA 等总线。
（2）双向独立的接收通道和发送通道，通道数 1~16 可选。
（3）支持 100K、50K、48K、12.5K 波特率或定制波特率。
（4）支持软件触发、外触发、系统触发，外触发电平 TTL。
（5）多种发送、接收方式。
（6）发送存储深度 4K(ARINC429 字)/通道，接收存储深度 8K(ARINC429 字)/通道。
（7）接收每个字带 32bit 精度微秒级的时标。
（8）接收支持 SDI 过滤、LABEL 过滤。
（9）发送支持 EVEN/ODD/NONE 校验方式。
（10）48kb/s 速率支持±25%公差速率，兼容 ГOCT18977/PTM 1495 标准。
（11）数据格式支持 ARINC429 传输格式和 EP-H3280 片内格式。
（12）支持 Windows 98/XP/VISTA/WIN7。
（13）支持 VB/VC++、Borland Builder C++、LabWidows/CVI 和 LabView 等开发工具。

**2. 原理框图**

EP ARINC429 系列接口板原理框图如图 4-21 所示。

接口板在控制器的控制下，通过连接器和接收芯片接收 ARINC429 总线数据，然后通过总线接口芯片，实现接收数据的上传；通过总线接口芯片，接收总线上的数据，再通过发送芯片和连接器，将数据发送至 ARINC429 总线上。控制器是接口板的控制核心，主要实现系统自检，总线数据与 ARINC429 总线数据格式转换，ARINC429 总线数据的接收和发送控制等功能。

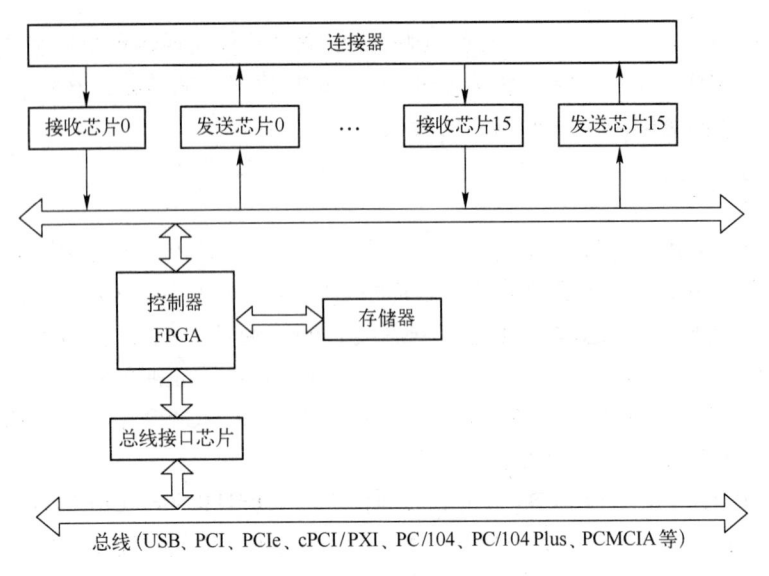

图 4-21　EP ARINC429 系列接口板原理框图

### 3. 安装与测试

EP ARINC429 系列接口板可运行在 Windows 98/XP/VISTA/WIN7 等操作系统下，提供相应的驱动安装包，支持用户二次开发。在 Windows 操作系统下，其一般使用流程如下：

（1）将接口板插入计算机/测试机箱相应的插槽或通过线缆接入计算机。

（2）连接好 ARINC429 总线线缆。

（3）在驱动光盘 Install 文件夹中，双击 setup.exe 安装驱动。

（4）进入安装界面后，按照界面提示选择安装目录，直至完成驱动安装。

（5）安装动态链接库。将动态链接库 dll 文件添加到\windows\system32 目录下或者添加到与应用程序相同的目录下，将动态链接库 lib 文件及相关的.h 头文件 h 添加到应用软件的目录下。

（6）运行 ARINC429 Test Tool 测试工具软件，连接接口板。

（7）连接成功后，通过通道设置按钮，设置相关参数，进行数据发送和接收测试。

### 4. 数据结构

发送/接收的数据结构定义如下：

（1）ArincWordType

```
typedef struct
{
        ArincRawWordType R;   //发送/接收的数据字，联合体的类型
        ViUInt32 SR;   //时间戳，单位为μs
} ArincWordType;
```

（2）ArincRawWordType

```
typedef union
{
```

```
        ViUInt32 i32;  //整数形式数据
        struct
        {
            ViUInt32 Label :8;
            ViUInt32 Data :24;
        } fld;
    } ArincRawWordType;
```

## 5. 控制函数

不同类型的 EP ARINC429 接口板控制函数略有差异，以 PCI 总线的 ARINC429 接口板 EP-H6272 为例，其主要控制函数如下：

Eph5272_Init  指定连接

Eph5272_AutoConnectFirst  自动连接到第一张板卡

Eph5272_Close  断开连接

Eph5272_GetRevision  获取版本信息

Eph5272_SetChRx_Tx  设置通道为接收或发送

Eph5272_GetChRx_Tx  获取通道为发送还是接收

Eph5272_SetBitRates  设置 ARINC429 发送/接收通信速率

Eph5272_GetBitRates  读取 ARINC429 发送/接收速率

Eph5272_Set_ChannelParity  设置接收/发送通道的校验方式

Eph5272_Clear_FIFO  清除接收/发送通道的 FIFO 数据

Eph5272_SetTrigMode  设置模块触发方式

Eph5272_OpenChannel  允许通道发送或接收数据

Eph5272_CloseChannel  关闭发送或接收通道

Eph5272_CloseChannelAll  关闭所有通道

Eph5272_StartStop  开始或停止发送或接收

Eph5272_GetChannelStatus  保留

Eph5272_AddLabel  设置接收通道的 Label 过滤

Eph5272_AddLabelGroup  设置接收通道的 Label 过滤（数组）

Eph5272_DeleteLabelGroup  取消接收通道的 Label 过滤（数组）

Eph5272_DeleteAllLabel  取消接收通道的所有 Label 过滤

Eph5272_DeleteLabel  取消接收通道的 Label 过滤

Eph5272_Set_SDI_Filter  设置接收通道的 SDI 过滤

Eph5272_SetChLabelFilter  设置是否允许接收通道的 Label 过滤

Eph5272_Receive_FIFO  读接收通道的 FIFO 数据

Eph5272_Receive_FIFO_Block  从接收 FIFO 读数据

Eph5272_Receive_Mailbox  MAIL BOX 数据接收

Eph5272_GetReceiveFIFOCount  获得接收数据个数

Eph5272_DecomposeArincWord  将收到的数据转换为 ARINC429 的各项参数

Eph5272_SetFrameRate  设置通道发送的帧间隔时间

Eph5272_SetIdelBit 设置通道发送的字间隔时间

Eph5272_Transmit_FIFO 写入单条消息到发送 FIFO

Eph5272_Transmit_FIFO_Block 写入一组 ARINC429 消息到发送 FIFO

Eph5272_Transmit_Scheduled 设置发送通道定时发送数据

Eph5272_KillScheduledAll 删除通道所有循环发送的数据

Eph5272_ComposeArincWord 将给出的各项参数组合成 ARINC429 规定的数据格式

Eph5272_SetRxCountForInt 设置模块接收数据中断产生的条件

Eph5272_RegisterFuction 中断回调注册函数

Eph5272_GetIntSts 读取模块中断状态

Eph5272_StatusGetString 从错误代码到错误信息的转换

**6．操作使用**

（1）连接板卡（Eph5272_Init、Eph5272_AutoConnectFirst）。

（2）打开通道（Eph5272_OpenChannel）。

（3）设置接收/发送设置发送波特率（Eph5272_SetBitRates）。

（4）数据接收：

设置 SDI 过滤（Eph5272_Set_SDI_Filter）。

设置 LABEL 过滤（Eph5272_SetChLabelFilter）。

开始接收（Eph5272_StartStop）。

接收数据（Eph5272_Receive_FIFO_Block、Eph5272_Receive_Mailbox）。

转换为 ARINC429 的各项参数（Eph5272_DecomposeArincWord）。

停止接收（Eph5272_StartStop）。

（5）数据发送：

设置校验方式（Eph5272_Set_ChannelParity）。

设置位间隔（Eph5272_SetIdelBit）。

设置帧速率（Eph5272_SetFrameRate）。

转换为 ARINC429 数据格式（Eph5272_ComposeArincWord）。

设置发送方式（Eph5272_Transmit_FIFO、Eph5272_Transmit_FIFO_Block、Eph5272_Transmit_Scheduled）。

开始发送（Eph5272_StartStop）。

停止发送（Eph5272_StartStop）。

（6）关闭通道（Eph5272_closeChannel、Eph5272_CloseChannelAll）。

（7）关闭板卡（AEB4P_Card_Close）。

## 4.6 典型应用

ARINC429 总线在直升机上的应用十分广泛，民用和军用直升机上都有应用。图 4-22 所示为贝尔 407 直升机综合航电系统各分系统之间通过 ARINC429 总线交联关系图。

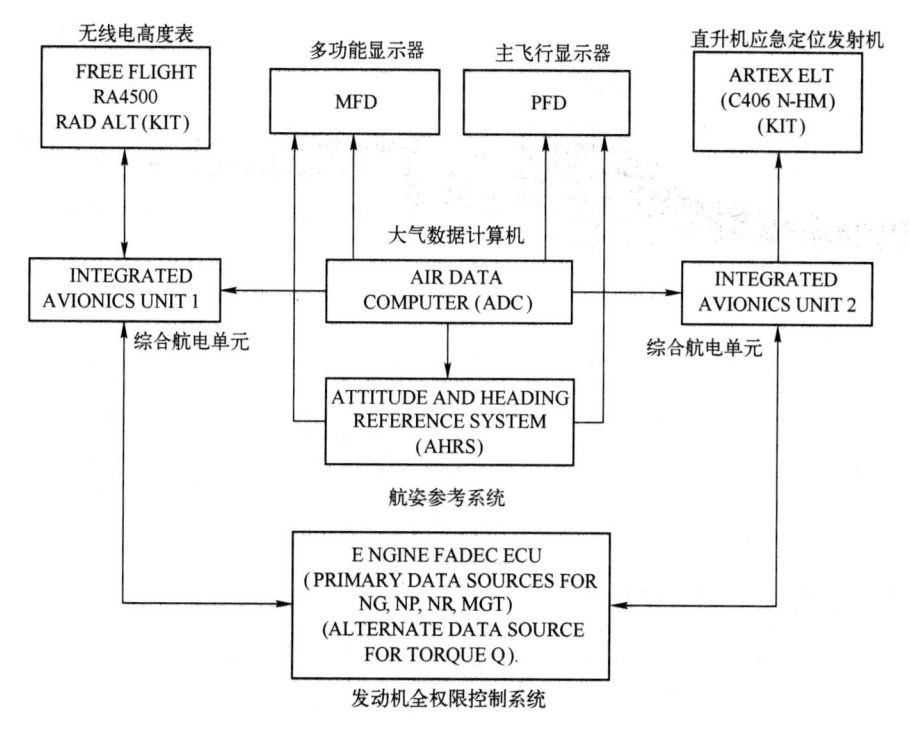

图 4-22　贝尔 407 直升机综合航电系统 ARINC429 总线交联关系图

从图中可以看出，贝尔 407 直升机综合航电系统（Garmin G1000）大量应用了 ARINC429 总线。大气数据计算机将解算出的大气数据参数通过 ARINC429 总线分别发送给两个综合航电单元、航姿参考系统、多功能显示器及主飞行显示器，进行数据共享及综合显示。航姿参考系统将解算出的航姿信息通过 ARINC429 总线输出至多功能显示器及主飞行显示器进行集中显示。无线电高度表通过 ARINC429 总线与综合航电单元 1 进行双向数据交换。综合航电单元 2 通过 ARINC429 总线向直升机应急定位发射机发送数据。发动机全权限控制系统通过双向 ARINC429 总线与两个综合航电单元分别进行数据交换。

## 4.7　俄制 ГОСТ18977 标准

俄罗斯直升机也采用类似 ARINC429 总线规范的总线标准，其对应的俄罗斯标准为 ГОСТ18977。ГОСТ18977 标准在制定过程中，充分考虑了与"国外系统"（按照美标设计的系统）的配合使用问题，因此采用了与 ARINC429 总线规范相对应的串行码信号类型及其电气标准，而信息交换的具体方法则在配套的 PTM1495 技术资料中进行了规定。

PTM1495 规定的信息交换方法有 3 种，即询问交换、有准备交换和异步交换。询问交换由接收端发出通信请求后进行数据交换；有准备交换则是由发送端向接收端先发出"开始传递信息"的通知，在接收端有准备的情况下的数据交换；而异步交换则是通信双方不进行任何握手动作就进行的数据交换。异步交换是 ГОСТ18977 总线标准中最重要的交换方法，也是和 ARINC429 总线数据交换方法相对应的方法。异步交换时，数据的发送端不断地广播由若干个字或一个字节组成的信息，接收端可以按照自己的程序独立接收，并可按照地址接收需要的参数。

根据ГОСТ18977和РТМ1495的规定，通信中可以采用4种数据格式：二进制码（BNR）、十进制码（BCD）、指令和标志码，以及由字母、符号和数字组成的字节，这4种格式的数据通信都要按照РТМ1495规定的32位串行数据的方式来发送和接收。32位数据字的格式定义如图4-23所示。

| PARITY (32) | SSM (31~30) | DATA (29~9) 数据 ——→  ←—— 填充 | LABEL (8~1) |
|---|---|---|---|

(a) BNR数据字格式

| PARITY (32) | SSM (31~30) | 1 (29) | DATA (28~9) | | | | | LABEL (8~1) |
|---|---|---|---|---|---|---|---|---|
| | | | (28~25) | (24~21) | (20~17) | (16~13) | (12~9) | |
| | | | CH#1 | CH#2 | CH#3 | CH#4 | CH#5 | |

(b) BCD数据字格式

| PARITY (32) | SSM (31~30) | DATA (29~9) | LABEL (8~1) |
|---|---|---|---|

(c) 指令和标志码数据字格式

| PARITY (32) | (31~25) | 24 | (23~17) | 16 | (15~9) | LABEL (8~1) |
|---|---|---|---|---|---|---|
| | 7单元码 | 1 | 7单元码 | 0 | 7单元码 | |

(d) 字母、符号、数字组成的字节数据字格式

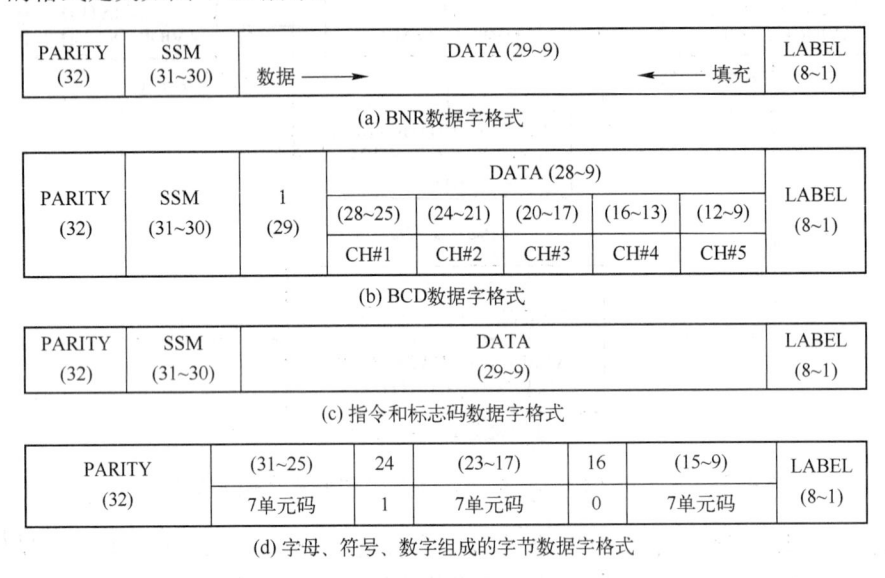

图4-23 РТМ1495规定的数据字格式

SSM类似于ARINC429总线规范中的符号/状态矩阵，但是在俄罗斯标准中，并没有对不同类型的数据字做不同的定义（除了在"由字母、符号、数字组成的字符"中没有SSM以外），而采取了统一的定义，如表4-9所列。

表4-9 РТМ1495规定的符号/状态矩阵定义

| 位 号 | | 数 位 值 |
|---|---|---|
| 31 | 30 | |
| 0 | 0 | 信息可靠和正、北、东、右、去往、上 |
| 0 | 1 | 参数故障或控制数据 |
| 1 | 0 | 信息不可靠，数据尚未准备好 |
| 1 | 1 | 信息可靠和负、南、西、左、来自、下 |

从以上数据字结构以及SSM的定义可以看出，虽然ГОСТ18977和РТМ1495定义的数据字和ARINC429一样都是32位的结构，并且都采用了以LABEL作为数据标识的方法，但从其参数库的定义来看，具体意义区别较大。

在字符代码表中，除了通用的国际标准的ISO 5号字符外，扩充了俄语字符，组成了一个完整的字符7单元代码表。

在电气标准方面，都采用了双极性归零制的三态码调制方式，两套标准对电平的要求基本一致，但在对信号电平的具体要求上，略有差别，ГОСТ18977要求的信号电平标

准如表 4-10 所列（表中所列均为 A 线到 B 线电位差）。

表 4-10 ГOCT18977 信号的电平标准

| 状 态 | 发送端 | 接收端 |
|---|---|---|
| 高 | (+10±1.0)V | (+10V±3)V |
| 零 | (0±1.1)V | (0±1.3)V |
| 低 | (-10V±1.0)V | (-10V±3)V |

传输速率方面,区别较大,ГOCT18977 标准中规定的串行码类型信号,可以在 12kb/s、48kb/s、100kb/s、250kb/s 几种速率下工作,而目前的飞机系统和装置一般多采用 48kb/s、公差为±25%的信息传输速率进行工作。

对比 ARINC429 总线规范和 HB6096-86 SZ-01 标准、ГOCT18977 标准,可以看出：

HB6096-86 SZ-01 标准与 ARINC429 总线规范基本一致,只是对其部分内容进行了修改完善,两者实质区别不大。主要修改完善的地方有以下 3 个方面：一是修改了参数库参数的单位,采用了中国常用单位表示法,使得 HB6096-86 SZ-01 标准参数库参数在单位、范围、分辨率、有效位上有对应的改变；二是离散数据字个别位定义不同,如大气数据离散数据字中,ARINC429 总线规范中第 27 位为迎角交错纠正,28 位为气压修正到 A 通道,29 位为（Zero Mach SSEC）,而 HB6096-86 SZ-01 标准中为备用位；三是增加了武器、攻击类参数。

ГOCT18977 标准与 ARINC429 总线规范大部分内容相同,差别主要在数据字格式、信号的传输速率和参数库的定义、扩充等 3 个方面。如ГOCT18977 标准数据字格式与 ARINC429 总线规范不同；ГOCT18977 标准传输速率有 4 种,而 ARINC429 总线传输速率只有 2 种,且 ARINC429 总线的位速率偏差是±1%,而ГOCT18977 标准的位速率偏差是±25%；ARINC429 总线规范中标号 221 为"指示迎角",而ГOCT18977 标准却为"目标高度"；ГOCT18977 标准增加了短波电台应答数据字等。

# 第 5 章　MIL-STD-1553B 总线

MIL-STD-1553B 总线全称为"时分制指令响应式多路传输数据总线",属于集中式的时分制串行总线类型,MIL-STD-1553B 总线被看作联合式航空电子系统的主要标志之一。与 ARINC429 总线一样,MIL-STD-1553B 也是由美国设计提出的一种机载总线标准,并且主要应用在军用航空器制造上,将其作为机载设备相互通信的总线标准,从而为各种系统之间的数据交换提供传输媒介。

## 5.1　概　　述

1968 年,美国 SAE A2K 委员会在美国军方以及航空业界的支持下,决定开发标准的信号多路传输系统,解决航空电子设备之间数据通道标准化问题,这也是 1553B 总线研制的开端。

1973 年,在美国空军莱特实验室 DAIS 计划的推动下,美国军方和政府公布了第 1 版 MIL-STD-1553 标准,即"飞机内部时分制指令响应式多路传输数据总线"。

1975 年,为适应实际使用需求,美国三军联合对 MIL-STD-1553 标准实施修订,公布了改进版 MIL-STD-1553A,该"A"版标准在美国 F-16 战斗机和 AH-64A"阿帕奇"直升机上得到了应用。

1978 年,美国军方、美国汽车工程师协会、英国国防部联合对标准进一步修订,形成 MIL-STD-1553B 标准并一直引用到现在。由于应用平台的拓展,MIL-STD-1553B 名称修订为"时分制指令响应式多路传输数据总线",去掉了"飞机内部"的描述限制。所修订的内容主要包括:一是从信号调制及编码技术方面,MIL-STD-1553B 信号传输调制方式采用了"曼切斯特双极性码"(双极性脉冲);二是从信号传输及检测技术方面,采用时分多路复用、命令/响应传输方式;三是不断改善传输媒质的信道特征,如 MIL-STD-1553B 允许采用同轴电缆作为数据传输媒质。

1980—1986 年,美国军方又相继提出 MIL-STD-1553 Notice 1 和 MIL-STD-1553 Notice 2 改进版本,其标准对相关各项进行了严格的定义,但标准仍以 MIL-STD-1553B 为主。所以我们也是将 MIL-STD-1553B 总线作为的研究对象。

1997 年,国内相关机构在跟踪研究基础上发布相应的国军标 GJB289A—1997,并已应用于国产航空飞行器中,GJB289A—1997 规定了"数字式时分制指令/响应型多路传输数据总线"及其接口电子设备的技术要求,同时规定了多路传输数据总线的工作原理和总线上的信息流及要采用的电气和功能格式,适用于多路传输数据总线的设备。无论是单独研制的设备,还是作为武器系统或子系统的一部分而研制的设备均应适用。俄罗斯对应的标准是 ГOCT 52070-2003,北大西洋公约组织对应的标准是 STANAG-3838AVS,

英国的 DEF STAN 00-18 标准也来源于 1553B。

MIL-STD-1553B 总线传输差错率小于 $10^{-7}$，具有很高的稳定性和可靠性，除了在航空航天领域占统治地位，在地面装甲、战车系统和舰艇系统等领域也有广泛的应用，已经发展成国际公认的具有浓郁军事色彩的机载数据总线标准，对武器系统信息化平台的发展产生了重要推动作用，所以在应用范围上对其有"一网盖三军"的赞誉，典型直升机应用包括"灰背隼"、"黑鹰"、"猫鼬"、BK117M 等。不过，MIL-STD-1553B 总线设备价格昂贵，功耗较大，传输匹配严格，连线要求较高，所以在经济性要求较高的前提下会限制大规模应用。

## 5.2 主要特性

MIL-STD-1553B 总线（简称 1553B 总线）表现为典型的总线式结构，采取分布处理、集中控制的方式，不具有交换特征。时分制多路传输（TDM）指在一个通信系统中，通过对来自若干信号源的信号在时间上错开采样，形成一个组合的脉冲序列，最终满足在系统中任意两个终端均能相互交换信息的一种传输方式；指令响应式指总线系统的操作方式，仅当总线控制器发出指令时，远程终端才做出响应，即接收或发送规定字数的数据或完成预先定义的某种特定操作，这种主从式的操作方式非常适合在分布式处理系统中应用。

1553B 总线传输介质为屏蔽双绞线或同轴电缆，传输距离最长达 100m，区别于 ARINC429 总线，它一般单独设置插头，电缆与电缆、电缆与 1553B 终端设备、电缆与耦合器之间都使用双轴连接器进行连接。

1553B 总线传输方式为半双工串行。所有的终端设备共享一条消息通道，任一时刻网络中只能有一个终端在发送消息，传送中的消息可以被所有终端接收，实际接收终端通过地址来识别。所以，对于一个 1553B 数据传输系统来说，如果要增加一个终端，对于每一个与它有信息交联的设备来说，它们之间不需要增加数据链路，只需要升级总线控制器的软件即可。对经常面临加改装的军用航空电子系统来说，这无疑将大大提高系统的可靠性和可扩展性。

1553B 总线的传输速率为 1Mb/s，编码方式为双相曼彻斯特 II 型双相电平码。曼彻斯特码自带时钟，时间被划分为等间隔的小段，其中每一小段代表一个比特，每一小段又分为两半，前半个时间段传输的是所传比特值，后半个时间段传送的是比特值的反码，在每一时间段的中间点总是有一次过零跳变，此种信号携带传送的同步信息而不需要另外传送同步信号。逻辑 1 为双极编码信号 1/0，逻辑 0 位双极编码信号 0/1，编码规则可以简单地记忆为："1 为先高后低，0 为先低后高；同码间有跳变，异码间无跳变"。图 5-1 所示为 1553B 总线编码。

1553B 总线耦合方式有直接耦合和变压器耦合，如图 5-2 所示。为了不使某个终端的故障影响整个系统，两种连接方法其线路上都接有隔离电阻，通常在远程终端内部应串入阻值为（1±2.0%）55.0Ω 的隔离电阻。对应直接耦合和变压器耦合方式，当数据总线上有任一终端正在发送信息时，短截线的线与线间电压峰-峰值分别为应在 1.4~20.0V 和 1.0~14.0V 范围之内。直接耦合方式不利于终端故障隔离，会因为一个终端故障而造成整个总线网络的瘫痪，1553B 总线协议中明确指出航空器上不推荐使用直接耦合方式，如果使用，则其长度应不超过 0.3m，而变压器耦合方式对应的短截线长度不超过 6m。

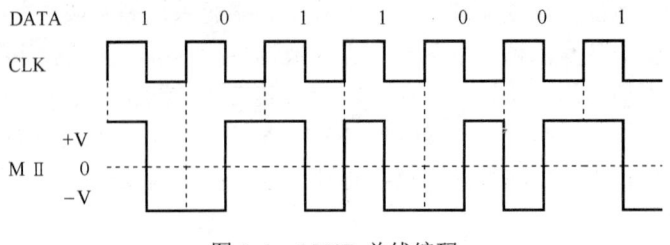

图 5-1 1553B 总线编码

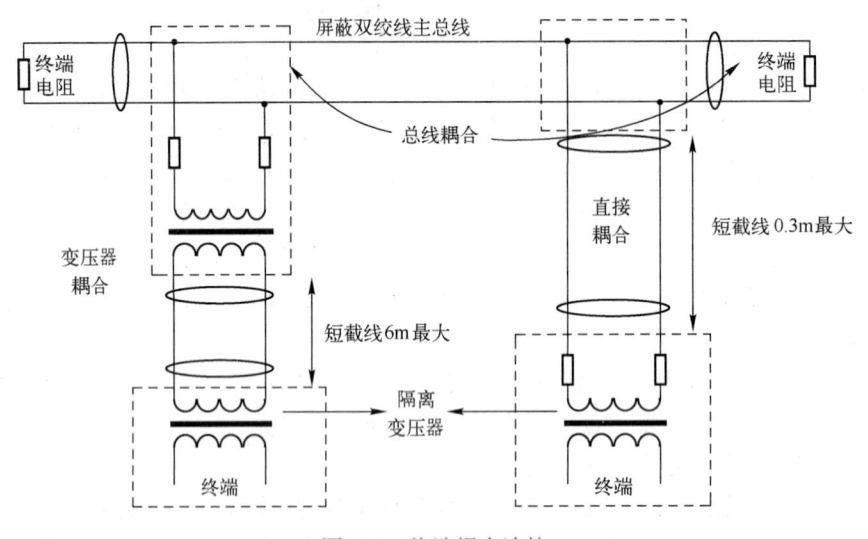

图 5-2 终端耦合连接

1553B 总线互连线区分为主总线和短截线两种类型，主总线（Bus）是作为传输线路的主电缆，电缆的两端采用标准终端电阻进行端接，短截线（Stub）是将 1553B 终端设备连接到主总线的电缆。

1553B 总线所有的终端设备都以并联方式共享总线的主线部分，如图 5-3 所示。为了提高系统可靠性，在总线的实际应用中，一般采用最高达四余度的设计结构，其中双冗余设置方式最为典型和普遍。双余度设置中有两个传输通道（A/B 线路），备份总线处于热备份状态，保证了良好的容错性和故障隔离，由于其固有的双通道设计，1553B 总线通过在两个通道间自动切换来获得冗余容错能力，提高可靠性。

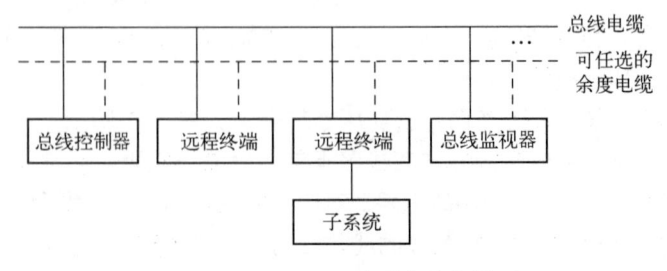

图 5-3 1553B 总线系统结构图

## 5.3 硬件构成

1553B 硬件组成通常包括终端设备以及相关部附件，其中终端设备又区分为总线控制器、总线监视器、远程终端 3 种类型，这三部分通过多路总线接口（MBI）实现其功能，通常把 MBI 嵌在机载计算机内。其他部附件主要包括电缆、耦合器、终端电阻等。

### 5.3.1 终端

终端（terminal）指连接数据总线与子系统之间所必需的电子组件，终端可以是单独的可快速替换的部件也可以包含在子系统部件内。1553B 的通信终端分为总线控制器、总线监视器、远程终端 3 种类型。

**1. 总线控制器**

总线控制器（Bus Controller，BC）。1553B 标准的定义是："总线控制器是具有启动挂在数据总线上的设备或子系统之间消息传输任务的终端"。定义中强调了 BC 应具有控制总线和启动消息传输的功能，任何时刻总线上只能有一个总线控制器，但可以有备份的总线控制器。

作为 1553B 总线系统的唯一控制部件，总线控制器除发出指令外，还必须对总线和总线上传输的信息不断地进行监控，其中大多数的监控工作（如奇偶校验、超时暂停等）采用硬件实现，总线控制的算法和判断则用软件实现。

**2. 总线监视器**

总线监视器（Bus Monitor，BM）。1553B 标准的定义是："总线监视器是具有接受并监督挂在总线上的设备或子系统之间消息交换的终端，并保留记录检查到的结果，其本身并不参与通信。"从定义中可以看出，其不响应总线控制器的任何命令，只是用于监视总线数据及提取数据以便以后的数据分析，记录方式分为 100%记录和选择记录两种。

总线监视器虽然不是 1553B 总线系统中的必需设备，但设计合理监视策略的监视器可以使用户对 1553B 总线系统上的所有终端运行情况有比较全面的了解，为故障定位和事后处理提供信息，进而能够把握和分析对相关的机载电子系统设备工作状态；也可以通过对系统的这种"监测"作用来给备用总线控制器提供信息源，使它顺利接替现行的总线控制器。

**3. 远程终端**

远程终端（Remote Terminal，RT）。1553B 标准的定义是："所有不作为总线控制器和总线监视器工作的终端"。从定义中可以看出 RT 既不启动总线上的消息传输，也不执行 BM 的功能，只能被动地接收或者发送和自己有关的数据，而对于与 RT 自身无关的数据或指令不做响应。

远程终端是航电系统连接到数据总线上的接口，本身只是个通信的桥梁，目的是实现在 BC 集中控制下的数据收发。在 1553B 总线上允许挂接最多 31 个终端，每个 RT 终端被分配了唯一的总线地址。从功能上来说，绝大多数航电系统均以远程终端角色出现在 1553B 系统中。

### 5.3.2 其他组成

**1. 双绞屏蔽电缆**

1553B 总线的主电缆和短接线电缆均应是带护套的，其线间分布电容不应超过 100.0pF/m，每米应不少于 13 绞，电缆的屏蔽层覆盖率应不低于 75.0%。在 1.0MHz 的正弦波作用下，电缆的标称特性阻抗 $Z_0$ 应在 70.0～85.0Ω 范围内。1553B 总线电缆如图 5-4 所示。通常情况下，蓝芯为正，白芯为负。

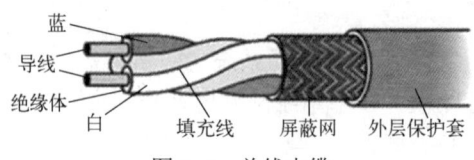

图 5-4 总线电缆

**2. 耦合变压器**

耦合变压器简称耦合器，用于将子系统（或称终端）耦合到 1553B 数据总线上。耦合变压器的匝数比应为 1∶1.41（±3.0%），较高匝数边在短截线隔离电阻一侧。耦合变压器的输入阻抗，当在 1.0V（有效值）的正弦波作用下，开路阻抗应大于 3000.0Ω。在 1.0MHz 频率时，耦合变压器的共模抑制比应大于 45.0dB。

耦合变压器可分为盒式耦合器和线式耦合器两种形式。其中盒式耦合器根据短截线引出端的多少，可分为单端子、双端子、四端子、八端子等。图 5-5 所示为四端子盒式耦合器外观，图 5-6 所示为四端子盒式耦合器的内部结构图，两端的为主电缆端子，侧面为短截线端子。由于盒式耦合器可包含多个短截线端子，比较适合终端较多的总线系统，盒体坚固且可带固定孔，便于安装，可与卡口或螺口系列插头配套使用。但相对于线式耦合器而言，体积大、重量大，所以一般在实验室环境和仿真系统中使用。

图 5-5 四端子盒式耦合器

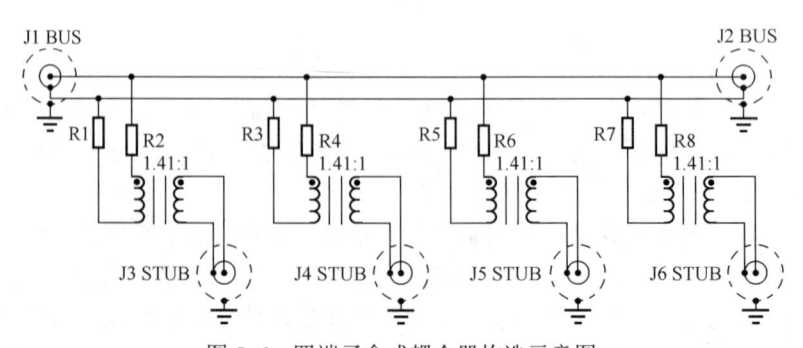

图 5-6 四端子盒式耦合器构造示意图

相比于盒式耦合器，线式耦合器具有体积小、重量轻、抗振动、所有的内部端子均是焊接、内部电路可靠耐用、安装简洁方便、工作环境密封等特点，广泛应用于机载场合，直升机上通常采用线式耦合器。图 5-7 所示为不同类型的线式耦合器尺寸图。

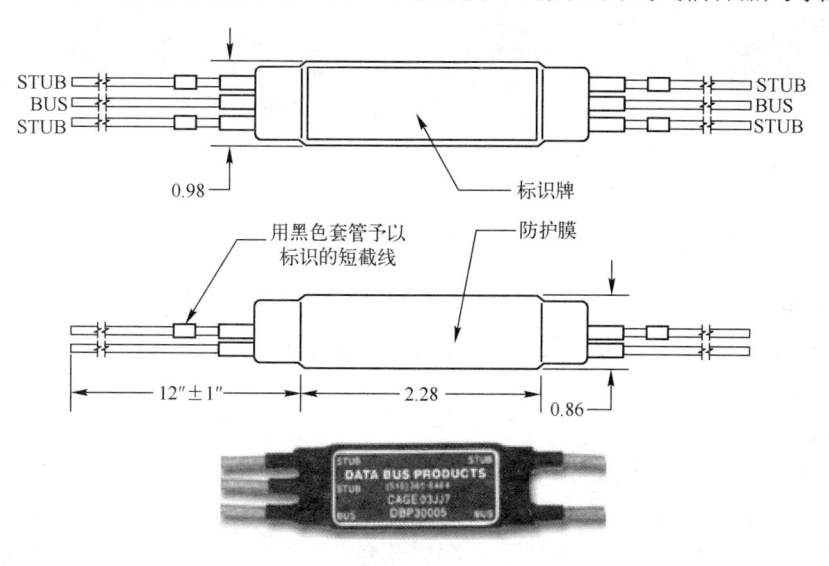

图 5-7 线式耦合器尺寸图

### 3. 总线连接器

总线连接器主要用于连接 1553B 板卡、RT 终端或耦合器设备。总线连接器按连接方式可分为螺纹连接和卡口连接两个系列；按表面处理方式可分为电镀锡和化学镀镍两种；总线连接器端接方便、稳定、牢靠，从物理连接上提升了总线可靠性。

根据连接方式、卡口连接插头的相位、插头和插座内部装针或装孔以及表面处理方式的不同，连接器可分为多个具体型号。图 5-8 所示为卡口连接器插座相位图。

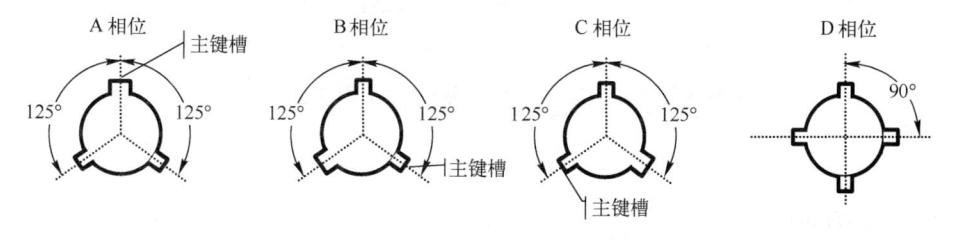

图 5-8 卡口连接器插座相位图

射频三同轴电连接器有 3 个导电层，即中心插孔（或插针）导电层、外层插针（或插孔）导电层和壳体导电层，分别与屏蔽双绞线的屏蔽网及两个内芯导线焊接连接。电缆连接器的连接极性应遵循以下规则：连接器中心接触件应是高（正）曼彻斯特双相信号，而连接器的内环接触件应是低（负）曼彻斯特双相信号，如图 5-9 所示。

### 4. 终端电阻

终端电阻（图 5-10）用于总线电缆的阻抗匹配，连接于主电缆的两端，阻值等于（1±2.0%）$Z_0\Omega$；子线终端用于短截线的阻抗匹配，当短截线未接终端时，连接阻值等于（1±2.0%）3000Ω 的子线终端电阻，模拟子线端口接负载情况。根据连接的位置和连接对象的接口形式，总线和子线终端可分为在线连接式、插头式和插座式 3 种。

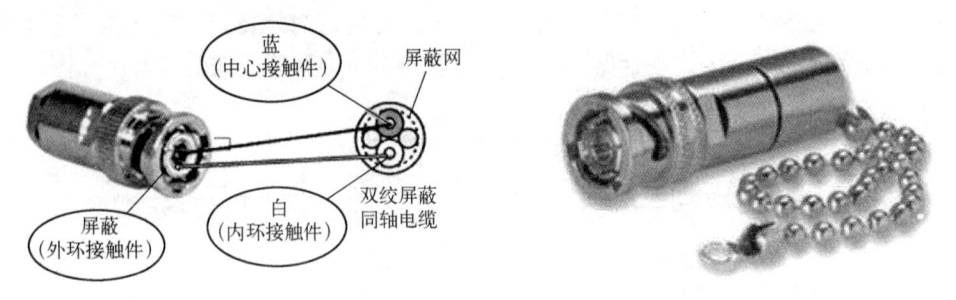

图 5-9 三同轴电连接器和总线电缆示意图　　　图 5-10 终端电阻

**5. 终端帽**

终端帽又称防尘帽，用于对连接终端的接口连接器的保护，起到连接器防电磁干扰和密封的作用。

**6. 线接器**

线接器用于实现两根 1553B 总线电缆之间的连接，同时保证总线电缆的屏蔽性。线接器分解如图 5-11 所示，其中两个导线连接器分别连接电缆中的蓝、白导线；连接绝缘套套在导线连接器上，起到绝缘作用；金属丝套套在焊接部位上，并与两总线的屏蔽丝网相接触；屏蔽终端器套在金属丝套与总线的屏蔽丝网接触处，并采用吹焊连接；外层保护套套于金属丝套外，用于保护金属丝套和屏蔽终端器。

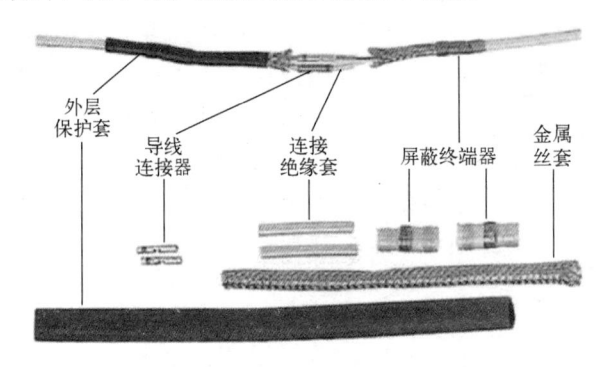

图 5-11 线接器分解示意图

**7. 总线继电器**

总线继电器（Data Bus Relay）是可以在总线终端不中断总线通信前提下，切换到另一条总线或短截线且满足总线重构要求而专门设计的一种总线附件。总线继电器主要功能包括：终端到总线耦合器之间的通断切换；终端在两条总线之间切换；有效地终止总线或分段总线。总线继电器非常适用于测试、仿真和故障隔离，无须重新连接总线电缆；使用方便，可采用 5V 或+28V 控制。根据控制对象的不同，总线继电器可以分为通断型、切换型和分段型 3 种类型。

1）通断型总线继电器

通断型总线继电器如图 5-12 所示，共有两个总线三同轴插座和一个控制接口，其中控制接口连接控制信号，控制继电器的线圈电流，通过两组衔铁控制两个总线插座之间的通断。

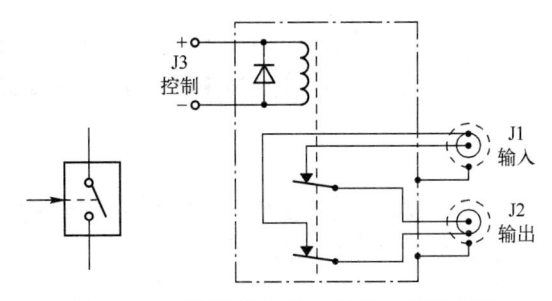

图 5-12 通断型总线继电器符号和原理图

2）切换型总线继电器

切换型总线继电器如图 5-13 所示，共有一个输入总线三同轴插座、两个输出总线三同轴插座和一个控制接口，其中控制接口连接控制信号，控制继电器的线圈电流，通过两组衔铁控制两个输出总线插座与输入总线插座之间的通断切换。

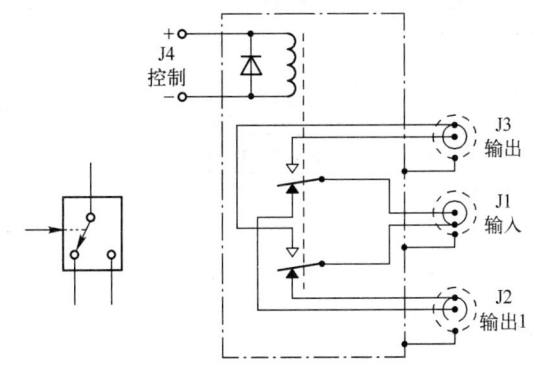

图 5-13 切换型总线继电器符号和原理图

3）分段型总线继电器

分段型总线继电器如图 5-14 所示，共有两个输入总线三同轴插座、一个输出总线三同轴插座和一个控制接口，其中控制接口连接控制信号，控制继电器的线圈电流，通过 4 组衔铁控制两个输入总线插座与输出总线插座之间的通断切换，同时断开的输入总线连接内置的终止器。

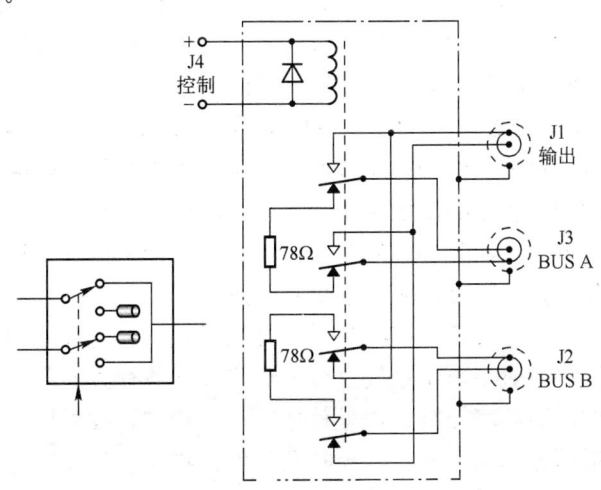

图 5-14 分段型总线继电器符号和原理图

当 B 总线插座与输出总线插座相连时，则 A 总线插座连接 78Ω 的总线负载；反之，当 A 总线插座与输出总线插座相连时，B 总线插座连接 78Ω 的总线负载。

### 5.3.3 拓扑结构

1553B 总线系统采用典型的总线型拓扑结构，所有终端设备都能通过一条总线发送和接收数据。但是当总线上连接的终端数目超过最大数目 31 个或者需要传输的数据量超过总线的数据吞吐能力，则要采用多条总线的结构，多总线又可区分为并列和层次两类结构，相关内容符合前述 2.5 节要求。对于一个多级总线系统，信息不仅在同级总线上传送，也有可能跨越两级，甚至三级总线进行传送。要解决这些问题，就需要采用多层级总线通信访问方法。下面对 1553B 总线系统的网关以及系统的连接情况进行描述。

**1. 网关**

在多层次 1553B 总线网络中，连接两条总线的机载计算机称为网关（GATE）。网关又区分为 3 种形式，如图 5-15 所示。

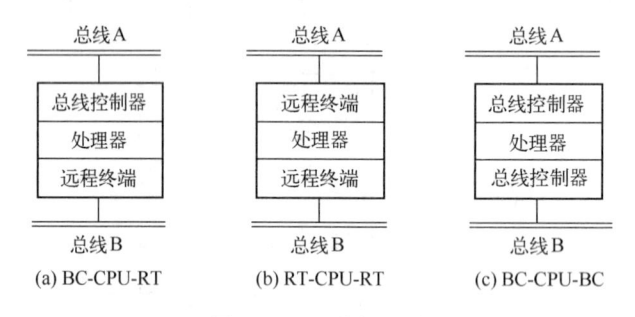

图 5-15　网关的形式

图 5-15（a）所示为 BC-CPU-RT 结构的网关。计算机对总线 A 而言，是一个总线控制器，对总线 B 而言，是一个远程终端。这种结构应用最广，因为它支持全局网与局部网之间的通信，特别适用于多级网络中，一个总线是数据源，一个总线是数据吸收场。

图 5-15（b）所示为 RT-CPU-RT 结构的网关。计算机对每一个总线都相当于一个远程终端。这种结构缺点较多，不大被采用，原因是作为处理机在每条总线异步地接收数据，必须扩展数据缓冲器或者建立总线间同步机制才能防止数据混淆。这种方法也需建立数据的保护，防止同一时间对同一个数据进行读写。

图 5-15（c）所示为 BC-CPU-BC 结构的网关。计算机对应于两个总线的总线控制器。这种结构在当今的总线网络中也可以经常见到。由于控制软件驻存在一个公用计算机中，两个总线间的同步和数据映像控制非常容易实现。通常的办法是在计算机中设置一个大容量存储器，该存储器为各总线共享，另外建立一个信息指针表，其中记录着信息来自哪个总线，公共区域就可为所有总线所访问。

图 5-16 所示为一个三总线系统连网拓扑。3 条总线分别为航空电子总线、通用服务总线和外挂物管理总线。航空电子总线主要处理飞行任务有关的数据，通用服务总线处理飞机的服务性工作，如环境控制、油量管理等，外挂物总线处理武器系统的辅助管理等。后两条总线分别通过通用服务总线控制器和外挂物管理总线控制器连接到航空电子总线上。其总线间连接模式属于 BC-CPU-RT 结构，即服务总线控制器和外挂物管理总

线控制器对航空电子总线是作为 RT 角色。

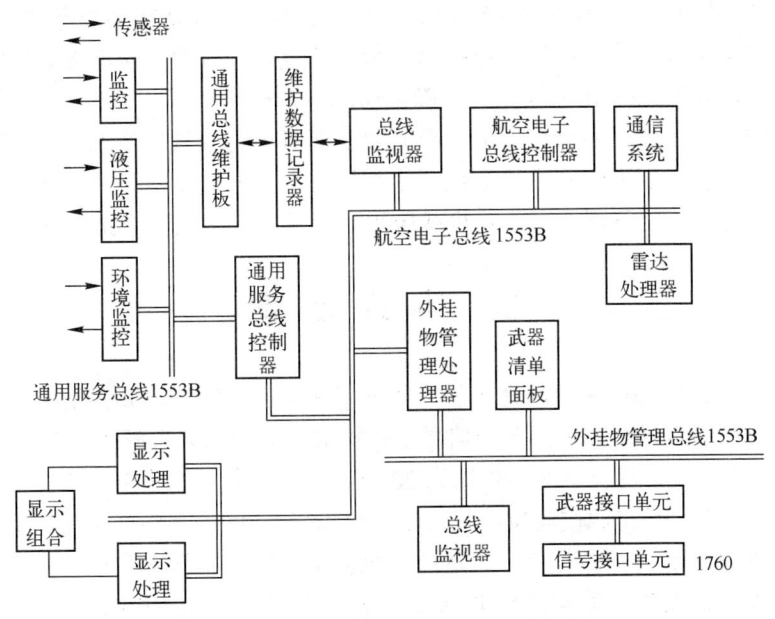

图 5-16 三总线系统连网拓扑示意图

## 2. 连接方式

1553B 总线系统最简实现方式包括总线控制器和远程终端各一个，另外还包括耦合器、终端电阻等部件。图 5-17（a）所示为利用一个耦合器连接两个终端设备，该连接方式简单直观，但没有体现出主线缆的概念，图 5-17（b）所示为利用两个耦合器实现相同功能，但能够表示出主线缆。以上两种连接均未实现线路的余度设计。

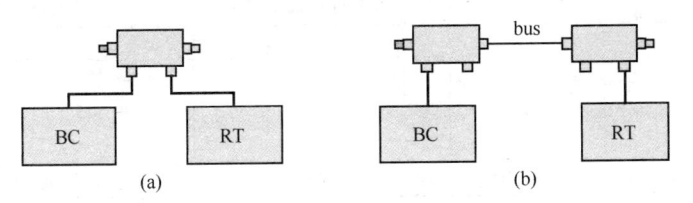

图 5-17 单余度总线连接

绝大多数的 1553B 总线都是双冗余的系统，双冗余总线包括一个主总线（bus A）和一个从总线（bus B），在连接过程中，要保持 bus A 和 bus B 总线的相互独立，不要使用一个总线耦合器将 bus A 和 bus B 总线连接在一起。双冗余总线的连接方法如图 5-18 所示。

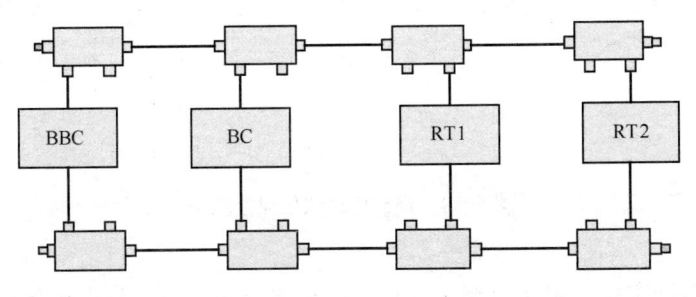

图 5-18 双余度总线连接图

无论何种连接，都要避免使用过多的短截线，且短截线的长度应尽量短。在实际的应用中，比较常见的错误就是使用1553B短截线直接将两个1553B终端设备连接在一起，不使用任何的总线耦合器（或T型连接器）和终端电阻。这种错误连接会造成1553B总线阻抗不匹配，导致1553B总线无法正确传输。

需要说明的是，过多的余度不但没有必要，而且会造成硬件资源的浪费和安装空间的紧张。更有甚者，过多的冗余度会使冗余切换与管理机制本身过分复杂，反而会造成系统总体可靠性指标的下降。在一般机载应用环境下，通常采用双余度总线配置。

## 5.4 协议要素

1553B总线传输协议主要由命令字、数据字和状态字等协议要素组成，3种信息字相互配合完成数据的传输，掌握3种信息字的构成，对于深入理解1553B总线的动态工作过程有较大的帮助。每类字的字长均为20位，其中每个字的前3位是一个无效的曼彻斯特波形，最后1位是奇偶校验位，有效信息位16位；同步字头"先正后负"为命令字和状态字，"先负后正"为数据字，表达的意思就是字的开始标志和区分字类型。而剩下消息块（16个二进制位）第4位到第19位，格式及其含义各不相同。

### 5.4.1 命令字

命令字也称为指令字，用来命令发送、接收信息或者执行特定的操作，只能由总线控制器发出。总线控制器通过验收RT回复的状态字来检验传输是否成功。具体构成如图5-19所示。

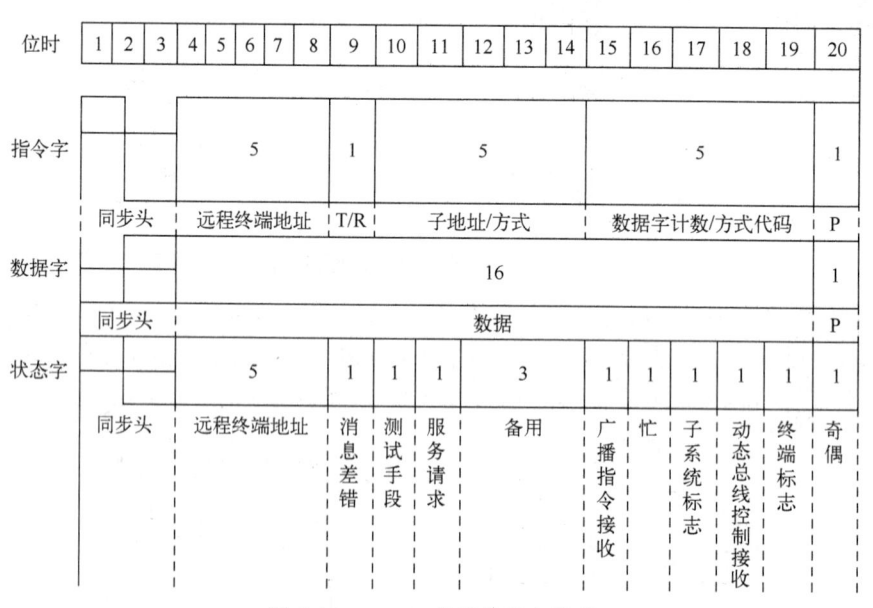

| 位时 | 1 2 3 | 4 5 6 7 8 | 9 | 10 11 12 13 14 | 15 16 17 18 19 | 20 |
|---|---|---|---|---|---|---|
| 指令字 | | 5 | 1 | 5 | 5 | 1 |
| | 同步头 | 远程终端地址 | T/R | 子地址/方式 | 数据字计数/方式代码 | P |
| 数据字 | | | | 16 | | 1 |
| | 同步头 | | | 数据 | | P |
| 状态字 | | 5 | 1 | 1 1 3 | 1 1 1 1 | 1 |
| | 同步头 | 远程终端地址 | 消息差错 | 测试手段 服务请求 备用 | 广播指令接收 忙 子系统标志 动态总线控制接收 | 终端标志 奇偶 |

图5-19 1553B总线信息字构成

**1. 字构成**

**远程终端地址字段**：第4位至第8位为远程终端地址段。每个远程终端被指定为一

66

个专有地址，从十进制地址 0 到十进制地址 30 均可采用。但尽量不采用十进制地址 0 作为远程终端的专有地址，还指定十进制地址 31（11111）为所有远程终端的公用地址，供系统采用广播操作时使用。通常情况下，远程终端只对总线上标识了自己地址的信息流给予响应，如果远程终端开启了广播选项功能，那么对地址为 11111 的广播信息也给予响应。

**发送/接收位**：第 9 位为发送/接收位。它用于表示要求对应远程终端做的操作，逻辑 0 指定远程终端做接收操作，逻辑 1 指定远程终端做发送操作。

**子地址/方式字字段**：第 10 位至第 14 位为子地址/方式字。区分远程终端的子地址，通常这些子地址是远程终端存储空间中的某些具体存储单元。当设置为 11111 或 00000 时，用于表示方式字，可用于实现 1553B 总线系统的辅助管理控制。

**数据字计数/方式代码字段**：第 15 位至第 19 位为数据字计数/方式代码。用来指定远程终端应发送或应接收的数据字的个数，在任何一个消息块内最多可以发送或接收 32 个数据字，全 1 表示十进制计数 31，而全 0 表示十进制计数 32；若子地址/方式字段的内容为全 0 或全 1 时，则本字段用来表示方式控制命令码。

**奇偶校验位**：字的最后一位应用做前 16 位的奇偶校验，采用简单的奇偶校验，即建立每字中单个奇偶位以鉴别多路传输数据总线的数据正常传输，即作为差错检测用。

### 2．方式命令

当总线控制器发出的命令字中的子地址为全 0 或全 1 时，此时命令字用于 BC 对通信过程或终端（或子系统）错误/故障的监控、诊断、控制和管理，从而成为一种能够实现特殊控制功能的命令字，而具体是何种方式命令，则由在方式代码字段中的 5 位数码具体指出，方式命令编码如表 5-1 所列。对于方式代码的功能学习，需要与后面的状态字结合进行理解掌握。

表 5-1　方式代码

| T/R 位 | 方式代码 | 功能 | 带数据字否 | 允许广播指令否 |
| --- | --- | --- | --- | --- |
| 1 | 00000 | 动态总线控制 | 否 | 否 |
| 1 | 00001 | 同步 | 否 | 是 |
| 1 | 00010 | 发送状态字 | 否 | 否 |
| 1 | 00011 | 启动自测试 | 否 | 是 |
| 1 | 00100 | 发送器关闭 | 否 | 是 |
| 1 | 00101 | 取消发送器关闭 | 否 | 是 |
| 1 | 00110 | 禁止终端标志位 | 否 | 是 |
| 1 | 00111 | 取消禁止终端标志位 | 否 | 是 |
| 1 | 01000 | 复位远程终端 | 否 | 是 |
| 1 | 01001~01111 | 备用 | 否 | 待定 |
| 1 | 10000 | 发送矢量字 | 是 | 否 |
| 0 | 10001 | 同步 | 是 | 是 |
| 1 | 10010 | 发送上一个指令字 | 是 | 否 |
| 1 | 10011 | 发送自测试字 | 是 | 否 |
| 0 | 10100 | 选定的发送器关闭 | 是 | 是 |

(续)

| T/R 位 | 方式代码 | 功能 | 带数据字否 | 允许广播指令否 |
|---|---|---|---|---|
| 0 | 10101 | 取消选定的发送器关闭 | 是 | 是 |
| 1 或 0 | 10110~11111 | 备用 | 是 | 待定 |

**动态总线控制（00000）**：用于总线控制器向一个能执行总线控制功能的远程终端发出一个示意控制权转让的发送指令字。该远程终端如果接受总线系统的控制，就将返回状态字中的"动态总线控制接受位"置为 1 作为响应，在传输完该状态字后，总线系统控制权就从提出要求的总线控制器转移到做出应答的远程终端；如果该远程终端拒绝接受对总线的控制，则将"动态总线控制接受位"置为 0。

**同步（00001）**：用于总线控制器将某预定事件通知有关远程终端，使远程终端同步（如复位、启动一个序列等）。其中，同步信息隐含在指令字内。

**发送上一状态字（00010）**：总线控制器用本指令使远程终端发回与该终端收到的上一有效指令字有关的状态字。远程终端在执行该方式代码操作时，不更新状态字。

**启动自测试（00011）**：用于总线控制器控制远程终端启动内部的测试电路。远程终端应回送相应状态字，并须在状态字传送后的 20ms 内完成自测试功能。

**发送器关闭（00100）**：用于使远程终端关闭与余度总线相连的发送器，所以发送器关闭指令应用时机限于双余度总线系统。远程终端应不关闭正在接收该指令字的通道上的发送器，且回复相应状态字。

**取消发送器关闭（00101）**：用于使远程终端启动先前已关闭的发送器，所以取消发送器关闭指令应用时机限于双余度总线系统。远程终端不用它来启动正在接收该指令字的通道上的发送器，且回复相应状态字。

**禁止终端标志位（00110）**：用于总线控制器命令被禁止的终端将状态字中的终端标志位强置成非故障状态 0，而不顾终端实际是否发生了故障。其主要用途是在总线控制器已经了解到该终端已经发生了故障，在进行重构的过程中，阻止故障引起的连续中断。

**取消禁止终端标志位（00111）**：它是禁止终端标志位的逆过程，用于重新使终端能反映出故障的现存状态。

**复位远程终端（01000）**：用于总线控制器控制远程终端复位到通电的初始状态。远程终端先应回复相应状态字，然后复位。

**备用的方式代码（01001~01111）**：这些方式代码留作今后使用。

**发送矢量字（10000）**：又称发送向量字，总线控制器用本指令配合完成一次特定的异步服务的传输信息过程，使远程终端回送一个状态字及一个含服务请求信息的数据字。虽然 1553B 总线的工作是按命令/响应的方式进行，实际上仍存在一种"潜伏中断"的能力。远程终端可以通过它的状态字中对服务请求位置 1，从而将其异步服务需求通知给总线控制器，总线控制器在得知有异步服务请求后就可以用发送矢量字去询问 RT 有什么样的服务请求，以进行进一步的信息服务。RT 一旦接收此方式指令，它通过返回状态字和紧接状态字后面的 16 位数据字反映要求的具体理由和原因，以使 BC 正确地为之服务。

**带数据字的同步（10001）**：总线控制器发出含有方式代码的指令字及一个数据字。数据字往往表示一个时间刻度的具体信息，如小周期信号，以使整个系统在统一时间标记下同步协调工作。该命令字与数据字以无字间间隔方式传送，远程终端应回复相应状态字。

**发送上一指令字（10010）**：总线控制器利用本指令使寻址的终端返回一个状态字和数据字，数据字内容实际上是收到此方式命令以前上一次终端收到的有效指令字（不含同步头），即上一次收到的指令字中的第4位至第19位内容，此方式用于错误恢复和健康监视的目的。

**发送自检测字（10011）**：总线控制器利用本命令使远程终端回送状态字之后，紧跟一个含有终端内部自测试结果的数据字。该方式字与启动自测方式命令（00011）联合使用，核心在于远程终端向总线控制器报告自测试结果。

**选定的发送器关闭（10100）**：总线控制器发出含有该方式代码的指令字，继之以一个数据字到远程终端，该数据字中含有打算关闭的发送器的标志，使远程终端关闭选定的余度总线上的发送器。本指令适用于双余度以上的总线系统。

**取消选定的发送器关闭（10101）**：总线控制器发出含有该方式代码的指令字，继之以一个数据字到远程终端，该数据字中包含有打算启动的发送器的标志，使远程终端启动先前已关闭的发送器。本指令适用于双余度以上的总线系统。

**备用方式代码（10110 到 11111）**：这些方式代码留作今后使用。

### 5.4.2 数据字

数据字用来完成传递数据信息的功能，BC和RT均可发送数据字。数据字由同步头、数据字段和奇偶校验位组成。校验位同样采用奇校验方式。1553B总线并没有对数据表达作出具体规定，而是交由设计者统一进行定义。

数据字段是紧接同步头的16位，每个字的最高有效位在先，按数值递减的次序跟着较低有效位。确定一个数值所需位的个数应符合所要求的分辨率或精度，如果在总线上发送的信息其精度或分辨率超过16位，也应先发送最高有效位，需要注意的是超过16位的那些位按照数据递减的次序组成第二个字发送，同时也允许将多个参数信息的位合并成一个数据字。

### 5.4.3 状态字

状态字用于实现远程终端对总线控制器命令的响应。状态字只能由RT发出，具体构成包括同步头、远程终端地址字段、消息差错位、测试手段位、服务请求位、备用位、广播指令接收位、忙位、子系统标志位、动态总线控制接收位、终端标志位及奇偶校验位等。总线控制器可以根据状态字的内容来决定下一步采取什么样的操作。

**远程终端地址字段**：第4位至第8位为远程终端地址段。表示正在发送状态字的那个远程终端的地址。

**消息差错位**：第9位为消息差错位。该位为1表示在本远程终端所接收到的报文中有1个或多个字没有通过有效性测试（上次通信中存在传输错误），0表示信息无差错。之所以强调上次，是因为1553B通信协议规定当前的通信过程中如果出现数据传输错误，远程终端是以不返回状态字作为反应，BC通过记录反应时间来判断。此位为1时，只有在BC发出专门的方式命令才能返回。只有满足下列3个条件才通过有效性测试：

（1）字有效，即同步头正确、曼彻斯特Ⅱ型编码正确、校验位正确。

（2）信息有效，这是指在一次数据块传输中，命令字和数据字之间以及数据字之间在时间上是连续的。

（3）命令有效，如命令字中的 T/R 位为 0，是要求终端接收，命令字中的数据字个数应与实际接收的实际个数一致，无非法命令。

**测试手段位**：第 10 位为测试手段位。虽然远程终端可以通过终端地址和数据流向判别指令字与状态字，但是总线监视器却无法区分是指令字还是状态字。测试手段位就是基于解决总线监视器对两种信息字的区分而设置的。状态字置为 0，指令字则置为 1，显然当 1553B 总线上设置有 BM 终端时，将使指令字的子地址由 5 位减少为 4 位。

**服务请求位**：第 11 位为服务请求位。表示本远程终端存在异步服务请求。该位仅用来激发随机发生的而不是周期发生的数据传输操作，逻辑 1 表示有服务请求，逻辑 0 表示无服务请求。1553B 总线协议还规定当与单一远程终端相连的多个子系统分别请求服务时，远程终端应将它们各自的服务请求信号逻辑"或"成状态字中的单一服务请求位。逻辑"或"完成后，设计者必须准备好一个数据字，并以相应位置 1 来标识具体请求服务子系统。状态字中的"服务请求位"，应维持到请求信号都处理完为止。

**保留字段**：第 12 位至第 14 位为保留字段，又称备用状态位，必须置为 0。若其中的任何一位被置成 1 且被反馈到 BC，那么 BC 就认为发送到 RT 的消息中有错误。

**广播指令接收位**：第 15 位用来表明 RT 是否收到有效的广播命令字。置为逻辑 1，表示本远程终端接收到的上一有效指令字是广播指令字，当系统未采用广播方式时，置该位为逻辑 0。

**忙位**：第 16 位用来表明 RT 当前所处状态（忙/不忙）。逻辑 1 表示远程终端处在忙状态，它不能按照总线控制器的指令要求将数据移入子系统或从子系统取出数据；逻辑 0 表示不存在忙状态。注意：如果 RT 在响应命令字时置忙位，那么无论何种命令字，则只发出状态字。

**子系统标志位**：第 17 位用于 RT 向总线控制器指出是否存在子系统故障状态。逻辑 1 表示子系统故障。如果与一个远程终端相连的几个子系统都呈现故障状态，将它们各自的信号逻辑"或"，形成状态字中的子系统标志位，并将事先准备好的一个数据字中的相应位置 1，记录它们的故障报告，以供做进一步检测、分析用，在机载设备上可以用于完成故障定位。

**动态总线控制接收位**：第 18 位为动态总线控制接受位。若置为逻辑 1，用来表示本远程终端接受规定的动态总线控制的授命，逻辑 0 则表示不接受。

**终端标志位**：第 19 位留作终端标志功能。逻辑 1 表示本远程终端内部存在故障，请求总线控制器干预，干预方式表现为方式字；逻辑 0 表示不存在故障。

状态字与命令字的同步头相同，但 1553B 总线总是由 BC 发出命令字，由 RT 去识别命令字并做出响应，而后发出状态字，再由 BC 识别状态字，所以状态字与命令字的区别在进行总线控制器和远程终端功能设置时就决定了，虽然两种信息字具有相同的同步头，却并不影响系统的正常工作。

## 5.5 传 输 控 制

1553B 总线的传输控制是在总线控制器的集中控制调度下，以命令/响应方式

（Command/Response）完成的。仅当总线控制器发出命令字时，远程终端才做出响应，即接收或发送规定字数的数据或完成预先定义的某种特定操作。具体传输过程是通过消息的形式组织实施的。

### 5.5.1 消息格式

1553B 总线的交互使用消息形式，消息是指一个命令字、一个状态字、若干数据字及响应时间、消息间隔在内的传输序列组合。1553B 总线标准中定义了所有的可能使用的消息协议格式，但对于 BC、RT 与 BM 之间如何互联并没有详细的规定，具体使用什么消息协议，完全由设计者自己来选择，这就形成了 1553B 总线通信方式的多样性。1553B 总线定义了 10 种消息格式，可分为数据传输、方式控制和广播消息 3 类。

**1. 数据传输消息格式**

数据传输消息格式有 3 种，如图 5-20 所示。其中 BC→RT 和 RT→BC 的传输完成总线控制器与远程终端之间的数据交换。RT→RT 传输是在 BC 控制下完成 RT 之间的数据交换。

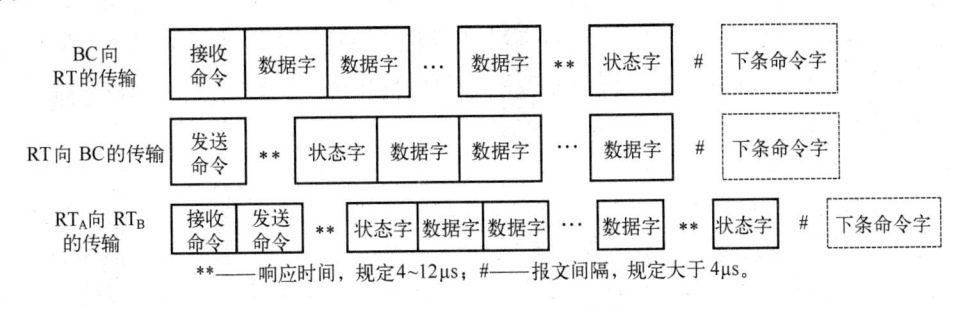

图 5-20 数据传输消息格式

1）BC→RT

总线控制器向远程终端发出一条接收命令及规定数目的数据字，命令字和数据字以无间隔的连续形式发送。后者在消息核实之后，应发回一个状态字给总线控制器。

2）RT→BC

总线控制器向远程终端发出一条发送指令，远程终端在核实指令后回送一个状态字，并向控制器发送规定数目的数据字。状态字和数据字以无间隔方式连续发出。

3）$RT_B$→$RT_A$

总线控制器向远程终端 A 发出一条接收指令，接着向远程终端 B 发出一条发送指令。远程终端 B 核实指令后，发送一个状态字和规定数目的数据字，状态字和数据字以无间隔方式连续发送。在远程终端 B 的数据传输结束时，远程终端 A 在接收到规定数目的数据字之后，应在规定响应时间内发送一个状态字。

**2. 方式控制消息格式**

方式控制消息也是以总线控制器作为动作发起者，旨在对 1553B 总线系统实施辅助控制管理而产生的一系列操作。方式控制消息格式也有 3 种，如图 5-21 所示。

1）不带数据字的方式指令

总线控制器使用规定的方式代码向远程终端发出一条发送指令，该远程终端核实指令后，发送一个状态字。

| 不带数据字的方式命令 | 方式命令 | ** | 状态字 | # | 下条命令字 |

| 带数据字的方式命令（发送） | 方式命令 | ** | 状态字 | 数据字 | # | 下条命令字 |

| 带数据字的方式命令（接收） | 方式命令 | 数据字 | ** | 状态字 | # | 下条命令字 |

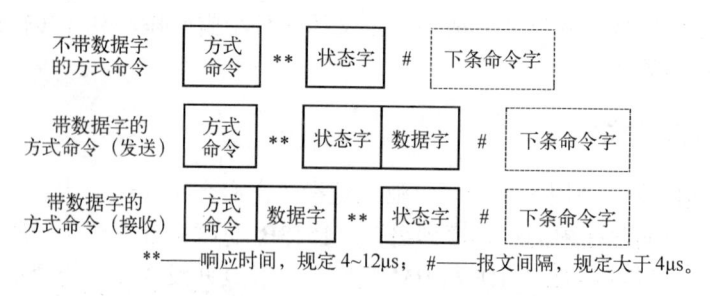

\*\*——响应时间，规定4~12μs； #——报文间隔，规定大于4μs。

图 5-21　1553B方式控制消息格式

2）带数据字的方式指令（发送）

总线控制器使用规定的方式代码向远程终端发出一条发送指令。该远程终端核实指令后，发送一个状态字，继之以一个包含相关信息的数据字。例如，返回自测试结果。状态字和数据字以没有字间间隔的形式连续发送。

3）带数据字的方式指令（接收）

总线控制器使用规定的方式代码向远程终端发一条接收指令，继之以一个含相关信息的数据字。例如，带数据字的同步方式字。该远程终端核实指令字和数据字之后，应发回一个状态字给控制器。

### 3. 广播消息格式

广播消息包括广播数据和广播方式指令，分别对应广播条件下终端之间的数据传输和方式控制传输，分为4种方式，如图5-22所示。由于广播传输实际工作过程中，发送端无法确认各接收远程终端的数据接收状态，因此难以确保消息传输的可靠性，所以应谨慎使用。

1）总线控制器向各远程终端的传输（广播）

总线控制器应发出一个接收指令字，远程终端地址字段为11111，继之以规定的数据字，指令字和数据字应以没有字间间隔的连续形式发送。具有广播选择方式的各远程终端在消息核实以后，在状态字中将广播指令接收位置"1"，但不回送状态字。

2）远程终端向远程终端的传输（广播）

总线控制器应发出一个接收指令字，其中远程终端地址字段为11111，继之以使用远程终端地址向远程终端A发出一条发送指令。远程终端A在指令字核实以后，应发一状态字，继之以规定数目的数据字。状态字和数据字应以没有字间间隔的连续形式发送。除远程终端A外的具有广播选择方式的远程终端，均应在消息核实之后，在状态字中将广播接收位置"1"，但不回送状态字。

3）不带数据字的方式指令（广播）

总线控制器按规定的方式码发出一个发送指令字，其中终端地址字段为11111。具有广播选择方式的各远程终端核实指令后，在状态字中将广播接收位置"1"，但不回送状态字。

4）带数据字的方式指令（广播）

总线控制器按规定的方式码发出一个接收指令字，其中远程终端地址字段为11111，继之发送一个数据字。具有广播选择方式的各远程终端核实消息后,在状态字中将广播接收位置"1",但不回送状态字。

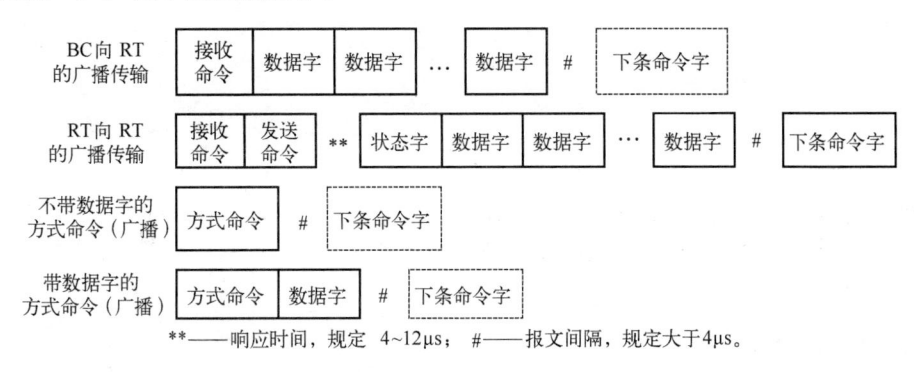

```
BC向RT     ┌────┐┌────┐┌────┐   ┌────┐  ┌──────┐
的广播传输  │接收││数据││数据│...│数据│# │下条命││
            │命令││字  ││字  │   │字  │  │令字  │
            └────┘└────┘└────┘   └────┘  └──────┘

RT向RT     ┌────┐┌────┐  ┌────┐┌────┐┌────┐   ┌────┐  ┌──────┐
的广播传输  │接收││发送│**│状态││数据││数据│...│数据│# │下条命│
            │命令││命令│  │字  ││字  ││字  │   │字  │  │令字  │
            └────┘└────┘  └────┘└────┘└────┘   └────┘  └──────┘

不带数据字的 ┌────┐   ┌──────┐
方式命令(广播)│方式│ # │下条命│
             │命令│   │令字  │
             └────┘   └──────┘

带数据字的  ┌────┐┌────┐   ┌──────┐
方式命令(广播)│方式││数据│ # │下条命│
             │命令││字  │   │令字  │
             └────┘└────┘   └──────┘
```

**——响应时间,规定 4~12μs; #——报文间隔,规定大于4μs。

图 5-22 广播消息格式

**4. 消息时间指标**

以上消息格式分析清晰展现了 1553B 数据总线信息传输过程,数据字传输是最终目标,命令字是传输活动的发起,状态字是传输效果的响应。一次通信的完成不只是单一数据的传输,而是命令字、数据字、状态字依规组合打包的传输过程。1553B 对涉及总线效率的时间指标有着强制性要求,如指令响应时间、消息间隔时间等。

由总线控制器控制相邻消息间隔不小于 4μs,始末点衡量是从前一消息最后一位(第20位)的中间过零点到当前指令同步头的中间过零点时间,如图 5-23 所示。

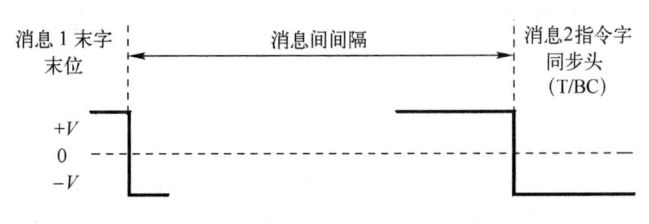

图 5-23 消息间隔

响应时间以远程终端为衡量对象。1553B 总线要求远程终端必须在规定的时间范围内响应指令,远程终端响应有效指令字的间隔时间为 4.0~12.0μs。该时间为从状态字之前的最后一个字的最后一位的中间过零点到状态字同步头中间过零点的时间。响应时间如图 5-24 所示。

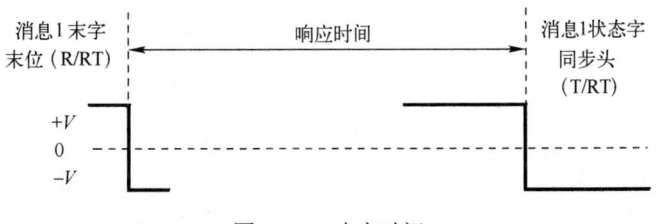

图 5-24 响应时间

最小无响应超时以总线控制器为衡量对象。总线控制器在 1 路总线上启动传输时,应测量由它发出的最后一个字的最后一位的中间过零点起,到期望的状态字同步头的中

73

间过零点的时间。当该时间超过 14.0μs 时，应做无响应超时处理。最小无响应超时如图 5-25 所示。

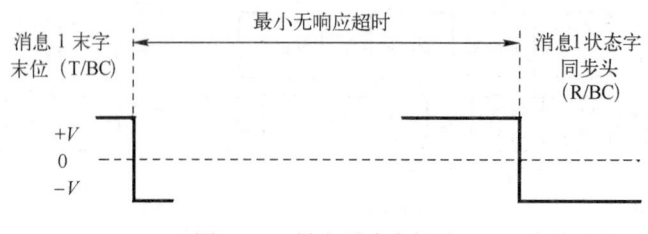

图 5-25 最小无响应超时

### 5.5.2 异步通信

在 1553B 总线系统中，来自 RT 或子系统请求的通信定义为异步通信，常利用异步通信实现多级总线的通信。当一个子系统需要与其他的子系统通信时，子系统在状态字中将服务请求位置 1，其结果是使有效的当前总线控制器向提出请求服务的子系统发出一个发送向量字的命令。请求服务子系统对命令响应，将向量字送到总线控制器。此向量字描述了子系统通信所需的信息，总线控制器接收向量字，并进行分析。

通信具体要求的表达是通过向量字来反映的。向量字的有效数据为 16 位，分别以 $D_{15} \sim D_0$ 表示。其中：RT 地址场，第 15～11 位，共 5 位，包含了所要求与之通信的 RT 地址。发送/接收位，第 10 位，指示了 RT 地址场所规定的 RT 是发送数据还是接收数据，1 表示发送，0 表示接收。子地址场，第 9～5 位，共 5 位，包含了要求与之通信的 RT 子地址。消息字数计数场，第 4～0 位，共 5 位，表示该向量字后面数据字的个数。异步通信方式代码如表 5-2 所列。

表 5-2 异步通信方式代码

| 15 | 14 | 13 | 12 | 11 | 10 | 9 | 8 | 7 | 6 | 5 | 4 | 3 | 2 | 1 | 0 |
|---|---|---|---|---|---|---|---|---|---|---|---|---|---|---|---|
| \multicolumn{5}{c\|}{RT 地址场} | 发送/接收位 | \multicolumn{5}{c\|}{子地址场} | \multicolumn{5}{c}{消息字数计数场} |

在多层次总线通信系统中，RT 地址和子地址可以进行特殊的定义，例如某系统定义：当 RT 地址为 0，则子地址场须作为一个特殊码来加以解释，码义如下：

| 子地址场 | 码义 |
|---|---|
| 00001 | 产生向量字的终端很想发一个状态字到执行机构 |
| 00010 | 产生向量字的终端很想从执行机构接收当前状态控制字的重复 |
| 11100 | 产生向量字的终端很想与一个通用服务总线上的 RT 通信 |
| 11110 | 产生向量字的终端很想与一个外挂管理总线上的 RT 通信 |
| 11111 | 产生向量字的终端很想与一个航空电子总线的 RT 通信 |
| 其他 | 保留 |

产生向量字的 RT，总是在其子地址 29Rx 处接收非周期数据，在子地址 29Tx 处发送非周期数据。

当向量字中 RT 场为 0，子地址场做特殊解释时，发送/接收位（第 10 位）有着特殊意义：如果该位被清 0，则产生向量字的终端要求发送数据到另外总线的 RT 去。发送地址为 29Tx 并且需冠以一个"总线之间接收字"的头部字，因此如果要送出的数据字数为 8，则向量字的计数场应置成 9。如果该位被置 1，则产生向量字的终端要求接收来自另一条总线上的 RT 数据。该通信要求的数据可在 29Rx 找到，共包含两个数据字：第一个是"总线之间发送字"，第二个是"总线之间接收字"。

例：一个来自 RT08 的向量字（表 5-3）。

表 5-3　向量字例 1

| 00011 | 1 | 11010 | 00101 |
|---|---|---|---|
| RT 地址：03 | 发 | 子地址场：26 | 消息字计数：5 |

其含义是 RT08 要求 RT03 从它的子地址场 26，发送 5 个数据字到 RT08 子地址 29 去。

例：下面是来自外挂物管理总线 RT09 的一个向量字（表 5-4）。

表 5-4　向量字例 2

| 00000 | 0 | 11100 | 11110 |
|---|---|---|---|
| RT 地址：00 | 收 | 子地址场：28 | 消息字计数：30 |

其含义是：RT09 希望发送 29 个数据字，加上一个"总线间接收字"（共 30 字），到公共服务总线的 RT 上。那个通用服务总线上接收数据字的 RT，在"总线之间接收字"中加以指定。

例：来自航空电子总线 RT02 的一个向量字表示如下（表 5-5）。

表 5-5　向量字例 3

| 00000 | 1 | 11110 | 00010 |
|---|---|---|---|
| RT 地址：00 | 发 | 子地址场：30 | 消息字计数：2 |

其含义是：RT02 希望接收到一个来自外挂物管理总线上的数据。为了组织这个传输，航空电子总线从 RT02 的子地址 29Tx 收集两个特定的数据字，第一个是"总线之间发送字"，第二个是"总线之间接收字"。

### 5.5.3　跨总线通信

**1．总线字**

定义总线字表达总线之间的通信任务，在跨总线通信中保存于网关之中，起到连接纽带作用。这种作用一般使用接收和发送两个字表示，其格式属于数据字，内容类似于命令字。总线发送字格式如表 5-6 所示，总线接收字格式如表 5-7 所示。

表 5-6　总线发送字格式

| 15 | 14 | 13 | 12 | 11 | 10 | 9 | 8 | 7 | 6 | 5 | 4 | 3 | 2 | 1 | 0 |
|---|---|---|---|---|---|---|---|---|---|---|---|---|---|---|---|
| \multicolumn{5}{c\|}{发送 RT 地址} | 1 发送位 | \multicolumn{5}{c\|}{发送子地址} | \multicolumn{5}{c}{总线名} |

其中：发送 RT 地址：第 15~11 位，共 5 位，包含发送数据的 RT 地址；

发送位：第 10 位，恒为 1；

发送子地址：第 9~5 位，共 5 位，包含发送数据的 RT 子地址；

总线名：第 4~0 位，共 5 位，包含特定的执行码，它来识别必须返回数据的总线。

11100：通用服务总线；

11110：外挂物管理总线；

11111：航空电子总线。

表 5-7　总线接收字格式

| 15 | 14 | 13 | 12 | 11 | 10 | 9 | 8 | 7 | 6 | 5 | 4 | 3 | 2 | 1 | 0 |
|---|---|---|---|---|---|---|---|---|---|---|---|---|---|---|---|
| 接收 RT 地址 ||||| 0<br>接收位 | 接收子地址 ||||| 数据字数 |||||

其中：接收 RT 地址：第 15~11 位，共 5 位，包含了接收数据的 RT 地址；

接收位：第 10 位，恒为 0；

接收子地址：第 9~5 位，共 5 位，包含了接收数据 RT 的子地址；

数据字数场：第 4~0 位，共 5 位，规定了要被送出的数据字数目，该计数值应比向量字中的字计数值少 1。

**2．过程**

网关作为 RT，接收上层参数及数据，并据此命令方式指挥下层数据传输（作为 BC）。网关作为 RT，以异步方式向上层传送数据。

发送：BC 组织将总线接收字传至网关，网关形成命令字向下层发送数据。

接收：BC 组织将总线发送和接收字传至网关，网关形成命令字接收下层数据，网关异步传送数据到本层 RT。

以上是上层总线发起的数据传送，下层总线也可以发起数据传送，此时需要增加异步通信过程。

**3．实例**

例：假设航空电子总线上的显示子系统需要在子地址 25 处接收一个来自通用服务总线"上的液压"管理子系统（地址为 RT09）的 7 个诊断数据字信息，数据可以从子地址 5 得到。其服务过程如下：

（1）显示子系统在其状态字中，将服务请求位置 1，向航空电子总线控制器发出一个服务请求。

（2）航空电子总线控制器接收到该状态字后向显示子系统发出一个请发送向量字的命令，显示子系统随后向总线控制器发送它的向量字，向量字格式如表 5-8 所列。

表 5-8　向量字格式

| 00000 | 0 | 11100 | 00010 |
|---|---|---|---|
| RT 地址：00 | 0 | 子地址场：28 | 消息字计数：2 |

其含义：显示子系统要求从通用服务总线接收两个数据。

（3）航空电子总线控制器接收向量字，处理并识别为显示子系统希望通用服务总线的 RT 接收数据，于是就建立一个通用服务总线控制器（作为一个 RT）与显示子系统之间的 RT 到 RT 的传输，其结果是通用服务总线控制器中的 RT 接收到显示子系统 29Tx 子地址上的两个数据，即第一个是"总线之间发送字"，第二个"总线之间接收字"。

（4）通用服务总线控制器对第一个字进行译码，该字的格式如表 5-9 所列。

表 5-9  总线之间发送字字格式

| 01001 | 1 | 00101 | 11111 |
|---|---|---|---|
| RT 地址：9 | 发 | 子地址：5 | 消息启动来自航空电子总线 |

（5）通用服务总线控制器对第二个字进行译码，该字的格式如表 5-10 所列。

表 5-10  总线之间接收字字格式

| 00101 | 0 | 11001 | 00111 |
|---|---|---|---|
| RT 地址：5 | 收 | 子地址：25 | 7 个数据字 |

（6）通用总线服务控制器将上述两数据字中的一部分场信息加以复制，形成一个对液压管理子系统的命令字，其命令字字格式如表 5-11 所列。

表 5-11  合成后的命令字字格式

| 01001 | 1 | 00101 | 00111 |
|---|---|---|---|
| RT 地址：9 | 发 | 子地址：5 | 7 个数据字 |

该命令是要求液压管理子系统从它的子地址 5 发送 7 个数据字到通用服务总线控制器。

（7）7 个数据字到达通用服务总线控制器，这些数据被复制到该总线控制器中的航空电子终端的子地址场 29Tx，并将"总线之间接收字"置入其向量寄存器中，把其状态字中服务请求位置 1。

（8）航空电子总线控制器发送一个"发送向量字"的方式命令，通用服务总线控制器中的航空电子终端，将向量寄存器中的向量字（与"总线之间接收字"相同）返回到航空电子总线控制器。对向量字进行译码，航空电子总线控制器就建立一个通用服务总线控制器中的航空电子终端与显示系统之间的 RT 到 RT 的数据传输。该传输命令使显示系统在子地址 25 处接收来自通用服务航空电子 RT 子地址 29 处的 7 个数据字。

（9）显示子系统收到了它所要求的诊断数据。

### 5.5.4  大周期和小周期传输

1553B 总线传输分为同步传输和异步传输，同步传输指由总线控制器组织的、周期性的传输；异步传输是指出于满足实际传输的需要，而临时产生的信息传输。通常总线系统按固定的数据传输时间表工作，即同步传输。

同步传输需要根据航电系统数据通信需求的最大和最小发送周期以及允许的传输延迟来确定时间表的安排。大多数在总线上传输的消息是按一定更新频率发送的周期消息。

周期消息中更新最慢的消息的周期被定为大周期，消息中刷新频率最快的通信任务对应小周期。在一个大周期内，所有周期性的传输至少发生一次，典型的大周期是几百毫秒。而对于重复频率极低的消息，如几秒一次的周期性自检测及其相关数据传输，则按非周期消息处理，如图 5-26 所示。

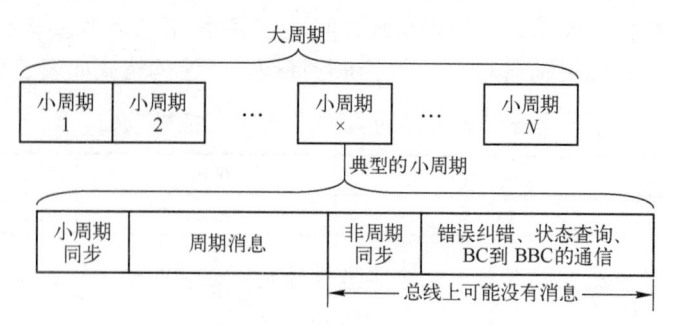

图 5-26 大周期和小周期

为了设计方便，取大周期为小周期的整数倍，并且该整数为 2 的幂次，即大周期通常被分为 $2^N$（$N$ 为整数）个小周期。另外，如果消息的最大允许传输延迟小于其更新的时间间隔，则以消息的最大允许传输延迟作为其安排时间表周期的依据。

例如：假设一个总线系统需要传输若干个周期消息，其中更新最慢的消息为每 400ms 一次；更新最快的消息为每 20ms 一次，这种消息最大允许的传输延迟时间是 15ms。那么，可以把大周期定为 400ms（$2^5 \times 12.5$ms），则小周期定为 12.5ms，即一个大周期被分为 32 个小周期。

一个小周期内，可以包括小周期同步消息、周期消息和非周期消息。小周期同步消息一般是同步方式指令或具有同步功能的数据消息，用来表示小周期的开始。小周期同步消息不是必需的，实际上在相当多的应用中没有使用这种消息；周期消息具有特定的更新速率，可以通过在特定的小周期安排周期消息来配合消息的更新速率；非周期消息通常是由某些事件触发的，并且会引发其他条件事件。在每一个小周期中，非周期消息一般插在周期消息之后传输。

消息在小周期中的分布，要考虑消息的更新速率、允许的传输延迟时间和总线负载的均衡等因素。在前面的例子中，如果某个消息的最大允许延迟时间是 15ms，那么这个消息在每个小周期中都要安排传输一次，以保证一旦这个消息产生新数据，可以在最大允许延迟时间之内传到目的终端。假如某个消息的更新周期和最大允许延迟时间都是 25ms，那么可以在每两个小周期中安排一次传输，也就是每间隔一个小周期安排一次。考虑到总线负载的均匀分布，每个小周期安排的总的消息传输量应该是相当的。

由于消息间隔、RT 响应时间、总线上偶发的重试等因素的影响，一个消息在每个小周期内的传输时间不完全一样。因此不同的小周期或者相同的小周期不同次的传输，消息占用的时间都是不一样的。小周期可以依据系统时钟定时传输，即每个小周期都占用分配给它的固定时间，在上例中是 12.5ms，那么消息传输完之后常常会有空闲时间。也可以充分利用总线提供的带宽，一个小周期的消息传输完之后，即可启动下一个小周期的消息传输，此时小周期的传输实际上不是以固定频率启动的。

### 5.5.5 异常处置策略

**1. 周期性任务的错误处理**

周期性任务的执行过程中，可能会出现错误，这种错误的出现属于随机事件。因此，应当把它们作为非周期事件一样处理，其错误管理办法有两种可选用的方案：第一种方案是在周期任务完成之后，插入一个错误管理和系统恢复的处理过程，然后再执行本小周期的非周期任务，如图 5-27 所示。为了支持这种方式的错误管理过程，规定如果在执行周期性任务过程中出现了错误，需调用错误排队登记模块，将任务名、出错类型等登记到错误队列表中，而周期性任务继续下去，直到周期性任务结束后，再调用出错队列处理模块，对登记的错误一个一个进行处理。

| 周期性任务 | 错误管理 | 其他非周期性任务 |
|---|---|---|

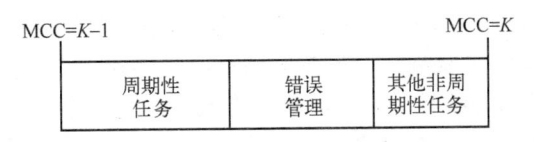

MCC=K-1 ··· MCC=K

图 5-27　错误管理过程

第二种办法是把高优先级出错处理过程插入到周期性任务执行过程中。那就是说，一旦出现高优先级的错误，立即进行处理。而把那些一般性的错误处理仍放在周期性任务完成后进行。这种错误管理的办法，就能够使一些严重危及系统运行安全的错误，优先得到处理，如图 5-28 所示。

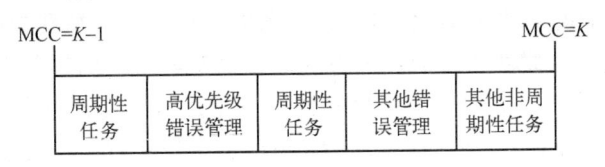

| 周期性任务 | 高优先级错误管理 | 周期性任务 | 其他错误管理 | 其他非周期性任务 |
|---|---|---|---|---|

MCC=K-1 ··· MCC=K

图 5-28　错误管理的插入

**2. 故障管理**

对于 1553B 总线系统传输过程中可能出现的失败，通常从传输介质和终端设备两方面进行区分，即由噪声、干扰等引起的传输故障和终端设备故障。

传输错误可以由 RT 或者 BC 检测到。RT 检测到的错误有指令字格式错误、消息字中的奇偶校验错和无效消息等。RT 对指令字格式错误、消息字中的奇偶校验错的反应是发送一个消息错误位置 1 的状态字；对无效消息则是不发送状态字。如果 BC 没有收到预期的指令响应或者收到异常的状态字，则认为出现传输错误。BC 对传输错误的处理一般是重传，重传次数由系统设计确定。通过规定次数的重传仍不能恢复正常，则需要如下终端故障处理过程。

如果终端没有完全丧失能力，终端的故障可以由终端自检测发现。当 RT 检测到终端故障，根据故障情况，将状态字的忙、终端标志或者子系统标志位置 1。当 BC 接收到这样的状态字，可以对相应 RT 发送复位或者启动自测试方式指令，然后根据 RT 执行这种指令后的状态，确定处理措施。当 BC 确认某个 RT 故障，或者规定次数的消息传输重试仍失败，则将相应的 RT 脱离总线系统，暂时不再传输与之相关的消息。一般仍然定期查询故障的 RT，一旦恢复正常，再将其连入总线系统。

如果 BC 发生故障，总线系统应自动执行总线控制器的切换。

**3. 总线控制器故障处置**

在总线系统中，一个 RT 出现故障一般只会引起局部问题，可能造成系统功能的降级。如果 BC 发生故障，则会导致整个总线功能的丧失。因此 1553B 总线系统支持多个 BC，但任何时候只能有一个 BC 处于激活状态。当前总线控制器应能够以不同的方式完成总线控制权向备份控制器的可靠交接，这就涉及总线控制器的控制策略，具体可以区分为静态和动态总线控制。

动态总线控制是指系统中设置有多个具有总线控制器功能的终端。根据总线协议，任意时刻只能有一个 BC 控制总线，其他具有总线控制器功能的终端作为 RT 操作，不过它们是潜在的 BC。动态总线控制策略是以某种方式使总线控制权在这些潜在的 BC 中传递，而不是集中在某个特定终端。一般考虑系统功能模式、数据流量分布等因素，采用循环传递、查询等方法将总线控制权以时分的方式分布到各个潜在的 BC，所以动态总线控制可以理解为是一种主动控制策略。动态总线控制方案具有分布控制的优势，通信网络具有较强的可重构性和可靠性，但也带来了通信控制复杂、故障检测困难、软硬件实现难度大等缺点。在工程设计中，由于动态总线控制的额外开销大、操作复杂及可靠性难以得到保障，实际较少采用。美军发布的 1553B 总线标准 2 号通告中也明确禁止在飞机（直升机）上采用动态总线控制方式。

静态总线控制的 1553B 总线系统中也设置有若干个备份总线控制器 BBC，但仅在主 BC 出现故障的情况下才由 BBC 接替控制器的操作。静态总线控制权的转移可以看作一种容错的措施，为被动状态的切换方式。该策略具有通信控制简单、故障易检测、硬软件实现容易等优点，但存在集中控制固有的单点故障造成通信瘫痪的致命缺点。当 BBC 需要接管 BC 的操作时，原来的 BC 可能已经发生故障，无法通知 BBC 切换操作模式。一般有两种解决办法，最简单的方法是在两个控制器之间使用专用的离散信号并在 BBC 中设置看门狗计时器。主 BC 周期性地通过离散线通知 BBC，一旦主 BC 内部自测试失败，或者丧失功能。离散信号则会停止加载 BBC 的看门狗计时器，使计时器计数到零，从而引发 BBC 的切换。另一种方法是 BBC 一直监视数据总线，如果总线在规定的时间内没有传输活动，则 BBC 夺取总线控制权。BBC 备份系统如图 5-29 所示。

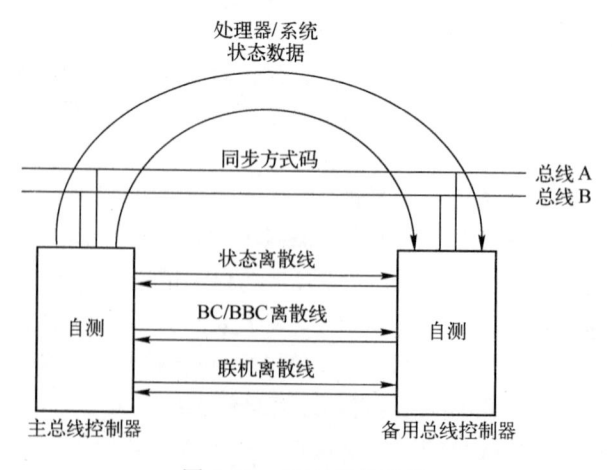

图 5-29 BBC 备份系统

## 5.6 接口逻辑

### 5.6.1 基本功能

航空电子系统通过 1553B 总线的多路通信接口（MBI）完成分布式通信任务，MBI（Multiplex Bus Interface）由字处理器和消息处理器组成，如图 5-30 所示。

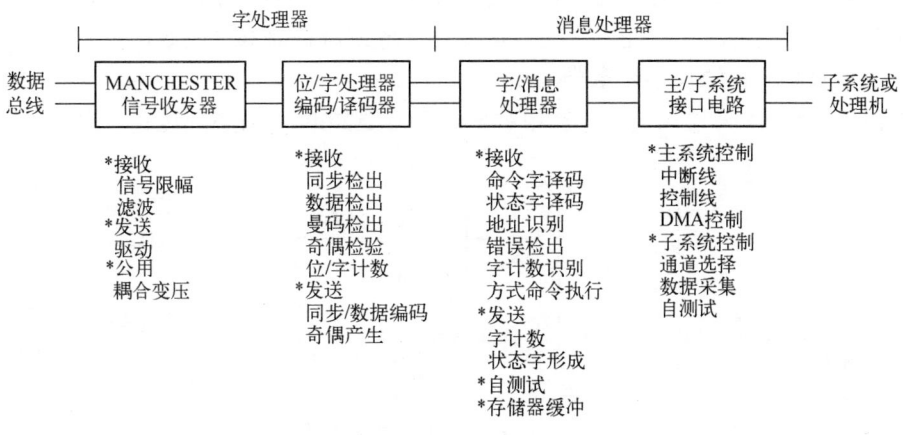

图 5-30 MBI 功能分解图

为了提高硬件接口的通用性，工程实施中通常一体化设计，即将总线控制器、远程终端及总线监视器设计成标准功能模块，并在此基础上进行功能裁剪。例如：BC 不需要状态字形成、方式命令执行、命令字译码和子系统控制功能，总线监视器 BM 不需要发送和子系统控制功能。

### 5.6.2 SMC 的 1553B 接口

COM1553B 是美国标准微系统公司 SMC（Standard Microsystem Corporation）早期推出较为成功的超大规模接口芯片，可实现位/消息处理器功能。它与 16 位微型计算机兼容，具有曼彻斯特 II 码的双相输入/输出，既可作为 BC，也可作为 RT 使用。COM1553B 自动装入和识别地址，能进行命令、数据同步头的检测和识别，并能识别 1553B 命令且自动产生适当的响应。无论作为 BC 或 RT，它都能决定所要求的传输类型，且产生相应的 DMA 握手信号和控制信号。

**1. MBI 接口逻辑结构**

由 COM1553B 芯片构成的 MBI 典型结构如图 5-31 所示。

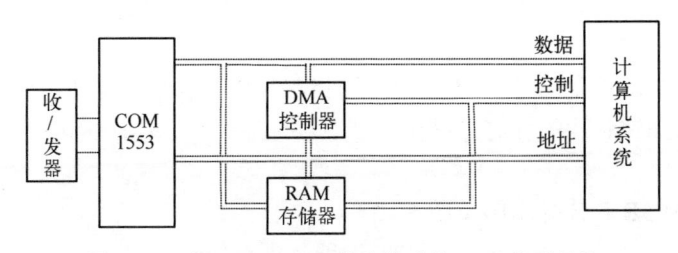

图 5-31 由 COM1553B 芯片构成的 MBI 典型结构

为了加快数据传输速度，接口逻辑使用了 DMA 技术，同时减少对主机系统时间的占用。主机以数据形式布置并检查任务，COM 电路并行完成数据的传输，中间使用共享存储器实现内外任务的松耦合。

首先由主机对 DMA 进行初始化，确定工作方式、选择中断条件、写入参数存放地址，然后主机在共享存储器中准备各种 COM 所需的数据、命令、状态字。数据传输时，COM 经 DMA 从存储器中取得准备好的控制码，执行控制码即将存储器中的数据及命令组成报文进行传送，并收存状态字，等报文结束或出现异常发中断报告主机。在传输数据中间主机可以通过改变存储器中的数据变更任务或从存储器获取数据。

**2. COM1553B 协议芯片电路**

电路由编码/译码逻辑、寄存器组、方式命令逻辑和状态序列逻辑四部分组成，如图 5-32 所示。

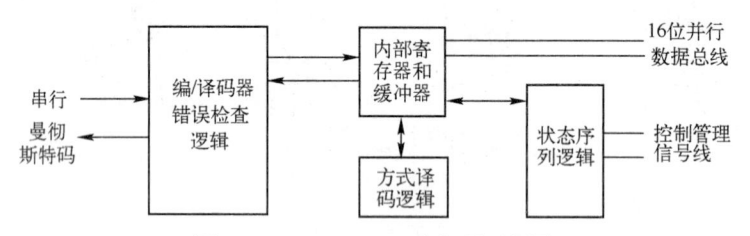

图 5-32　COM1553B 内部原理框图

（1）编/译码器和错误检查逻辑。进行曼彻斯特码的编码和译码，并检查码的错误。它接收具有有效同步头的曼彻斯特码，并进行译码，在确认无错时，将信息码送入内部寄存器。或者对内部寄存器的信息码检错，并进行曼彻斯特码编码，再加上同步头输出。错误检查逻辑可以检查出 7 种错误，即同步字字头错误、非法曼彻斯特 II 型码错误、信息场大于 16 位、奇偶校验错误、字计数错误、响应时间超过、地址不正确。

（2）内部寄存器组。可以用来锁存 3 位指令控制码。这些指令控制码决定了 COM1553B 芯片执行何种寄存器操作，寄存器组还用来加载远程终端地址和状态码，并且存储与上一信息有关的任何错误，因而可以检测出发生了何种错误。总之，寄存器组是用来暂存各种操作所需的命令、状态和地址等信息，根据不同的操作，寄存器内容会做相应的变化。

（3）方式码译码逻辑。用来对方式命令译码。COM1553B 芯片能执行 5 种方式码译码功能，它们是：动态总线控制、发送上一状态字、禁止终端标志位、废除禁止终端标志位、发送上一命令字。

（4）状态序列逻辑。产生相应的内部控制信号来协调和控制芯片内部各个功能模块之间的操作，使它们能完成不同的指定任务。同时，该逻辑也向外部电路发出各种控制信号，以协调芯片和外部电路的工作。

状态序列逻辑的控制信号 RT/BC 用于选择芯片作为远程终端或总线控制器使用。利用命令控制码来确定芯片的存储器操作，是通过选通信号、传送请求信号和读/写等信号来控制协调的。

**3. COM1553B 芯片外引脚（图 5-33）**

POR（输入）：复位信号。复位后 RT 地址必须重新装入。

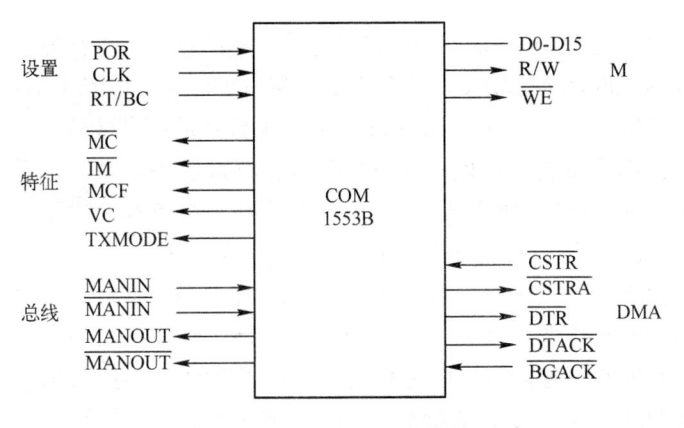

图 5-33　COM1553B 引脚

CLK（输入）：时钟信号。12MHz。
RT/BC（输入）：工作方式选择。有效，芯片作为总线控制器工作；无效，作为远程终端工作。
TXMODE（输出）：发送模式。有效，表示芯片正在向 1553B 总线发送消息。
MANIN（输入）：曼彻斯特码输入端。
MANOUT（输出）：曼彻斯特码输出端。
CSTR（输入）：控制码请求。有效，表示 3 位控制码已在内存中准备好，通知 COM1553B 来取，当芯片准备好时，发出一个读周期装入控制码。
CSTRA（输出）：控制码应答。有效，表明 COM1553B 已经接收到 CSTR，现在启动控制码传送。
DTR（输出）：数据传送请求。有效，表明 COM1553B 已经接收到一个正确数据，要向外存储器传送。
R/W（输出）：读写信号。
WE（输出）：写信号。
BGACK（输入）：总线应答。有效，表示处理机已承认 DTR 且放弃存储器总线。
DTACK（输入）：数据传输应答。有效，表明数据已经稳定在数据总线上。
VC（输出）：无效命令。
MC（输出）：消息完成。
IM（输出）：消息错误。
MCF（输出）：方式命令标志。

### 5.6.3　DDC1553B 接口

DDC 公司是采用两片超大规模集成电路来构成 1553B 协议处理以及与计算机的接口。其中 BUS-65600 是作为逻辑功能块和下接口，前端通过收/发器与数据总线相连，后端与上接口 BUS-66300 相连。

**1. MBI 接口逻辑结构**

BUS-65600 能支持 3 种工作方式，即总线控制器/远程终端/总线监视器（BC/RT/BM）。BUS-66300 是上接口，它完成通道控制及与计算机的接口功能。

BUS-66300 芯片能充分支持 1553B 消息交换，主计算机仅进行提供和接收要传输数据的工作。BUS-66300 产生 DMA 申请和引起主机立即关注，中断主机程序的握手信号。主机有屏蔽中断的能力，因此 BUS-66300 只有产生特定的中断才能对主机起作用。在大多数情况中，主机不需要去专门地对异步外部设备终端服务，也就是说，这种接口方式能使主机不承担任何 1553B 输入/输出（I/O）的责任，只有在产生了一个需要主机立即关注，并为主机所希望的中断时，主机自己的处理程序步调才会被中断，进行中断处理。而一般情况下，主机可以以自己的步调进行工作。BUS-66300 芯片有强有力的功能使得所有的 1553B 消息传输工作与主机的例行程序充分地隔离，接口技术中采用了一个专用的 64k 字存储空间的共享存储器，以它来映射处理所有的 1553B 总线信息。CPU 可以按自己的需要，方便地使用此共享 RAM，而不与 1553B 总线传输过程发生冲突，因而也不会丢失 1553B 信息。

MBI 接口逻辑结构如图 5-34 所示。

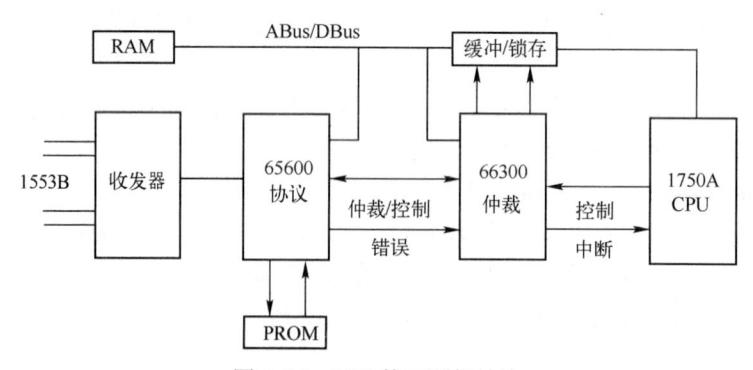

图 5-34　MBI 接口逻辑结构

## 2. 协议芯片电路

BUS-65600 是一个完整的远程终端或总线控制器，如图 5-35 所示。它包括 4 个分开的寄存器，分别寄存命令、数据、状态和自测试字。在工作模式或测试模式中任何一种工作情况下，它能自动地执行全部 1553B 协议。特别是，它能履行所有的状态响应、定时、状态字特征，以及方式码功能。

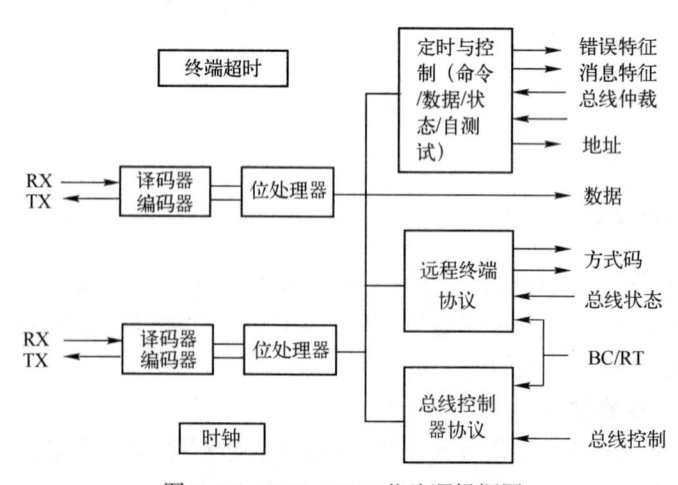

图 5-35　BUS-65600 芯片逻辑框图

在它的远程终端工作模式中，包含了所有的连接功能。它有编/译码器、终端位处理器、消息处理器和远程终端协议逻辑。此外，BUS-65600通过标记存储器控制器作为表示有关的消息错误、状态响应错误、时间超时错误，从而完成强化的错误检测。当它作为一个总线控制器的时候，负责发布全部的对远程终端的命令，它通过产生恰当的命令字指挥所有在总线上的活动。

**3. 仲裁芯片电路**

BUS-66300是一个主机与远程终端之间或主机与总线控制器之间的中介，用来控制和管理存储器和处理器间的数据流。它也包含一个对16位系统总线的仲裁逻辑，其逻辑框图如图5-36所示。其数据是由包含命令字、状态字以及高达32个数据字的消息来加以构成。在模块内的仲裁逻辑处理CPU与控制器二者对于共享的64k（字）存储器的竞争，此逻辑消除了对于任何等效的紧耦合电路的需要。当CPU正在接收来自控制器芯片的消息时，又处于访问存储器过程之中，仲裁器所具有的一组寄存器和与之相连的缓冲器就能起缓冲数据的作用。

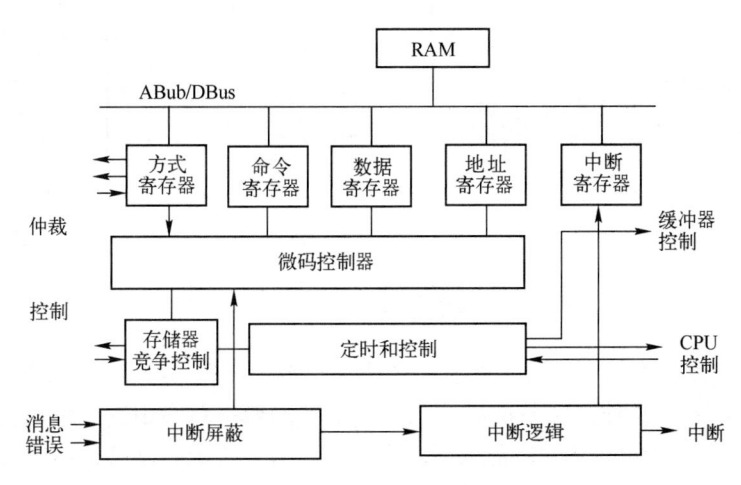

图5-36 BUS-66300芯片逻辑框图

BUS-66300中有7个寄存器，其中有结构寄存器、命令译码器、中断屏蔽寄存器及外部寄存器等，如表5-12所列。这些寄存器接收来自CPU的控制命令。

表5-12 BUS-66300寄存器地址选择命令控制

| 寄存器/命令 | 0、1、2地址位 | 定义 |
| --- | --- | --- |
| 0 | 000 | 中断屏蔽寄存器 |
| 1 | 001 | 结构寄存器 |
| 2 | 010 | 未用 |
| 3 | 011 | 启动/复位命令译码器 |
| 4 | 100 | 外部寄存器 |
| 5 | 101 | 外部寄存器 |

(续)

| 寄存器/命令 | 0、1、2 地址位 | 定义 |
|---|---|---|
| 6 | 110 | 外部寄存器 |
| 7 | 111 | 外部寄存器 |

BUS-66300 的 BC 工作模式：CPU 通过对结构寄存器赋值，使 BUS-66300 工作于总线控制器的状态，此时 BUS-66300 具有 A 区和 B 区两个数据区，指针所指示的初始地址决定了是使用 A 区还是 B 区。BC 所要激活的消息（块）总数是由消息计数器的最大值所确定。由 BC 激活的消息块顺序是按栈指针的指示，顺序地激活数据描述符块，每个数据描述块的第四个地址上指示了该次消息传输在内存中的数据块首地址，如图 5-37 所示。

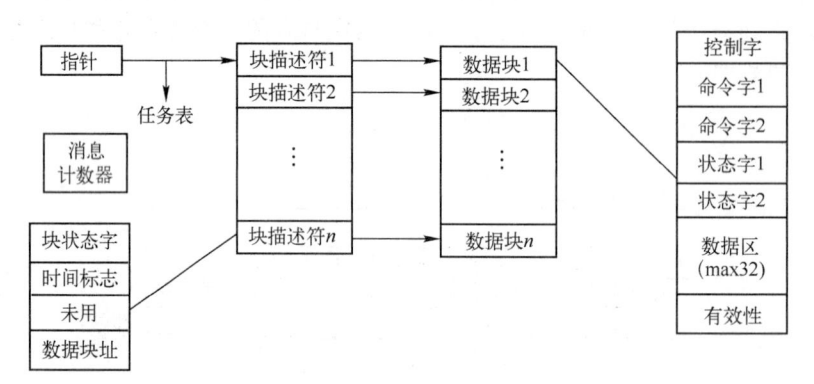

图 5-37 BUS-66300 BC 存储器映射图

在 BC 工作模式中，每个数据块的字存储量为 64 个字。数据块的首地址是一个控制字，此控制字决定了总线上消息的格式以及双余度的数据总线中决定使用哪条总线。在控制字之后紧跟着标准的 1553B 消息，即命令字、数据字等。从被访问的终端所返回的状态字和数据字也存储在数据块之内。CPU 一旦启动了 BUS-66300 的结构寄存器，BUS-65300 就将自动地处理全部消息。除非遇到了一个 CPU 必须对之服务的中断请求，CPU 将不对 BUS-65300 的工作有任何参与。

BUS-66300 的 RT 工作模式：CPU 首先通过结构寄存器去建立所选择的 RT 地址和状态字的相应位。此后，通过查找表根据从 BC 来的命令字中的分地址场，查找到相应的数据块地址加载数据字。其过程如图 5-38 所示，命令字的收发位和 5 位分地址值合成产生 6 位地址，此地址定义了一个高达 32 个位置的查找表（64 字节）。BUS-66300 工作于 RT 模式中，同样也有两个描述符指针，它们分别指向描述符 A 区和描述符 B 区。CPU 使用状态字中断指针跟踪总线的活动，指针指向不同的描述符块。状态字地址中断指针也有两个，因此它就提供了两种查表方法：第一种是由 T/R 位加上 5 位分地址场，经过数据块地址查找表存储有关的数据；第二个查表法是由接口提供了双缓冲，以保证数据的完整性。这个技术使得用户能简单地通过改变查找表的方法去访问第二组数据块。只要在控制寄存器中建立合适的位，就可以定位，这就提高了灵活性，并可以减少 CPU 的工作载荷。

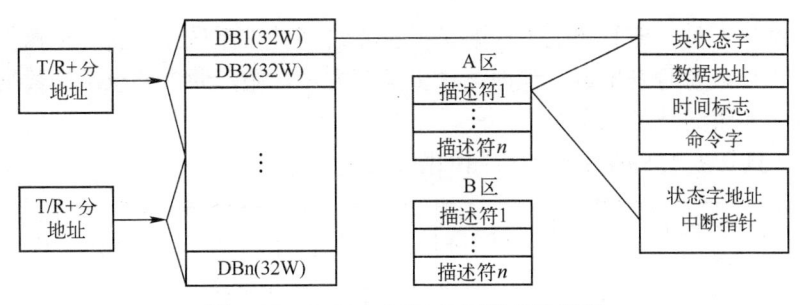

图 5-38　BUS-66300 RT 存储器映射图

## 5.7　典型应用

MIL-STD-1553B 总线虽然最初是以军事航空航天应用为应用目标,但是由于其优越的性能,所以其应用范围早已突破传统范围,在导弹、卫星、船舶、作战车辆以及部分商用航空电子领域也大展身手,例如空客 A350-XWB 客机、AIM-9X 和 WCMD 型导弹、BAE 布拉德利装甲车以及国际空间站内。其中国际空间站的应用包括了美国实验舱、俄罗斯服务舱、"曙光"号功能舱（Zarya）、日本实验舱等。本部分内容主要以 MH-53 直升机为例介绍 1553B 在直升机上的应用。

MH-53J 型重型直升机是美国目前重量和体积最大的直升机,该型机相对 H-53J 直升机改装了电子系统、通信系统,甚至做了平台改进,从而使得 MH-53J 直升机具有极突出的导航、通信、特别行动能力。MH-53J 直升机能够完成全天候、超低空、长距离的飞行,可执行敌对领空潜入、补充供给、雷达导引等行动。资料显示,其能够在恶劣天气下,利用机上电子地图和显示控制单元,完成距地面 30m 高度的超低空飞行。

MH-53J 直升机主要以 1553B 总线完成航空电子系统之间的交联。其中任务计算机作为总线控制器,除了进行 1553B 总线系统的调度控制和系统管理之外,还与显示控制组件协同工作,实现高效的人机接口功能,作为远程终端（RT）的系统或设备包括惯性导航系统、GPS 系统、数据传输设备、显示控制组件、符号发生器等,它们共同组成了一套增强型导航系统（Enhanced Navigation System）,显著提升了生存能力和任务能力。

1553B 总线系统上的所有远程终端均可以完成自检测试,给出自检结果（通过/不通过）；并由显示控制单元完成相应的图形化显示,从而对机组人员给出操作性提示。

1553B 总线系统可以针对挂接在总线上的每一个远程终端开展总线环绕测试并记录测试结果,建立串行通道完好性。如果针对某个设备的两个通道环绕测试均失败,则认为该通道故障,ENS 进入备份模式；系统能够提供每个远程终端的可用性信息,远程终端的可用性判定依据包括 I/O 错误、技术状态、数据有效性检查等信息；系统可以显示和保存每台远程终端的历史状态信息,维修人员可以在任务结束后使用这些信息来判别系统的运行状况和性能。

1553B 总线系统具备地面维护测试能力,测试结果（成功/失败）以及相关状态数据将会呈现给维护人员。地面测试不局限于 1553B 总线挂接系统或设备，但这类设备连接于总线接口组件或符号发生器。地面测试由维护人员实施，通常要求手动数据输入和观察分析以确定系统的技术状态。

MH-53J 直升机 1553B 总线架构图如图 5-39 所示。

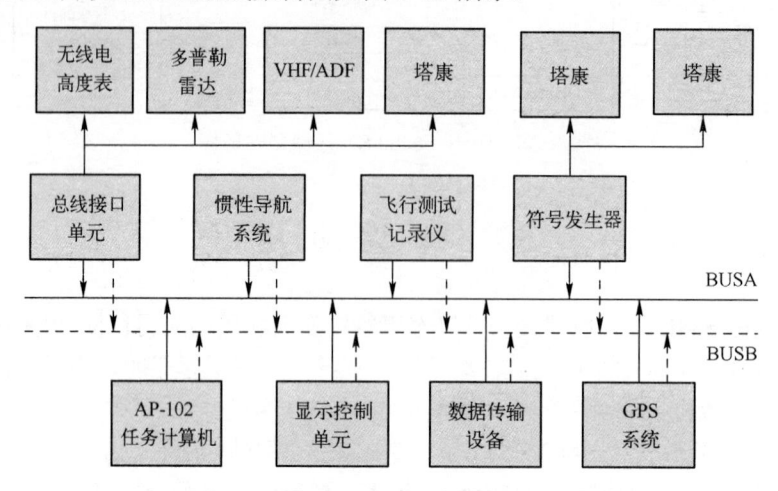

图 5-39　MH-53J 直升机 1553B 总线架构图

# 第6章 航空电子全双工交换式以太网

面对新型航空电子系统综合化、数字化、软件化的发展趋势，传统的机载总线技术已经无法满足新型航空电子系统对高速数据通信的要求，下一代机载数据网络的研究成为航空领域关注的焦点。作为典型的交换式机载网络技术，AFDX 总线与 ARINC429、MIL-STD-1553B 等传统总线相比，其高速率、延迟可控、确定性和服务性保证网络能够更好地满足数据高速传输要求，国产 C919 大飞机以及部分型号直升机也选择 AFDX 总线实现航空电子系统的组网。航空电子全双工交换式以太网（AFDX）是在以太网的基础上发展而来的，空客公司根据航空电子的需求，在实时性、可靠性等方面对其进行了改进。

## 6.1 以太网基础知识

作为一种计算机局域网技术，以太网（Ethernet）最初于 1976 年由美国 Xerox 公司和 Standford 大学联合研制成为一种试验性局域网络，并于 1980 年 9 月由美国 DEC、Intel 和 Xerox 三家公司联合公布了以太网规范（V1.0 版），1982 年 11 月又公布了 V2.0 版，1983 年 3 月以太网被正式列入 IEEE 802.3 标准，IEEE 802.3 标准定义了 Ethernet 的物理层和数据链路层规范，随后被 ISO 确立为国际局域网络标准，进一步推动了 Ethernet 技术的发展，此后以太网在业界得到了快速且广泛的应用，其协议及所提供的服务也伴随着应用而不断丰富和扩展，并形成一系列的相关协议和标准，与令牌总线、令牌环一同构成了局域网领域三足鼎立的局面。以太网有经典以太网和交换式以太网两种。

### 6.1.1 物理层

物理层用于实现比特流的透明传输，以太网在定义物理层方面提供了多种选择，为了区别目前的多种实现方式，IEEE 802 委员会给出了一个基本的记法：

<数据传输速率（以 Mb/s 计）><信号传输方式><最大网段长度（以百米计）><连接介质>

通常情况下，最前面的数字表示数据传输速率，约定"Base"为基带传输，"Broad"为宽带传输，"T"为双绞铜质电缆，"F"为光纤，"S""L""E"指不同的光纤介质和波长。例如，10BASE-5 表示 10Mb/s 速率，基带传输，网段长度不大于 500m。一般以太网网段的极限长度与设计应用有关，可以通过设置中继器进行信号放大，延长传输距离。采用全双工和半双工传输模式时最大网段长度不一定相同，这是因为在半双工模式需要检测信号冲突，此时信号的传播延迟受到限制，从而限制了介质长度，所以有时不专门标记"<最大网段长度>"。表 6-1 所列为常用以太网标准记法及其物理层含义。

表 6-1  常用以太网标准记法及其物理层含义

| 标准 | 介质 | 最大网段长度/m 全双工 | 最大网段长度/m 半双工 | 信号编码方式 |
|---|---|---|---|---|
| 10Base-T | UTP | 100 | 100 | 曼彻斯特 |
| 10Base-FL | MMFO | >2000 | 2000 | 曼彻斯特 |
| 100Base-TX | UTP，STP | 100 | 100 | 4字节/5字节 |
| 100Base-FX | MMFO | 2000 | 412 | 4字节/5字节 |
| 1000Base-LX | MMFO | 550 | 316 | 8字节/10字节 |
| 1000Base-LX | SMFO | 5000 | 316 | 8字节/10字节 |
| 1000Base-SX | MMFO | 550 | 316 | 8字节/10字节 |

注：UTP—非屏蔽双绞线；STP—屏蔽双绞线；MMFO—多模光纤；SMFO—单模光纤

### 6.1.2 介质访问控制方法

在传统以太网中，任何节点都没有可预约的发送时间，它们的发送都是随机的，并且网中不存在集中控制节点，网中节点都能够平等争用发送时间。带有冲突检测的载波监听多路访问（Carrier Sense Multiple Access with Collision Detection，CSMA/CD）就是这样一种竞争式随机访问控制技术，它是传统以太网介质访问控制的核心技术，用来解决多节点如何共享总线实现通信的问题。

CSMA/CD 以广播方式把数据通过共享总线发送出去，连接在总线上的所有节点都能接收到这个信号，但由于所有节点在没有控制中心的前提下都能够平等地发送数据，这样冲突便不可避免，以太网设计了用于解决冲突的相关算法。

具体过程即首先当某个节点发送数据包时，先监听信道（载波监听），若信道忙（已有载波），则推迟发送；若信道闲（无载波），则发送数据包，并且继续监听信道一段时间（边发边听）。这段时间一般规定为一对最远的节点之间的端对端往返信号传播时间，它被称为"冲突窗口"。若在冲突窗口内，本节点发送的信号与监听到的信号一致，说明已占用了信道，即此次发送成功；否则，说明发生了冲突，即总线上出现了两个或两个以上的发送信号，最终叠加波形不属于任何发送节点的波形，该节点应立即停止发送数据包的其余内容，并转而发送一个简短的阻塞信号（或称为"冲突加强"信号），该信号为4~6字节，可使网络中各节点能及时知道信道已发生冲突。冲突的节点则按一定的回退算法计算重发的延迟时间，若重发 16 次仍不成功，则认为信道负荷过重，应放弃此发送意图。典型延迟算法是截止二进制指数后退延迟算法（Truncated Binary Exponential Backoff），算法为

$$\tau = 2^k R\alpha$$

式中：$\tau$ 为后退延迟时间；$\alpha$ 为冲突窗口值；$k=\min(n,10)$，$R$ 为取自$[0,2^k-1]$的随机整数，$n$ 为重传次数。

CSMA/CD 介质访问控制方法在网络负载较小时，数据帧延迟小，性能优越。但是当负载加大时，由于冲突概率加大，传输性能变差，严重时甚至出现消息阻塞。

### 6.1.3 帧结构

网络层的数据包被加上帧头和帧尾成为可以被数据链路层识别的数据帧，它是以太

网中消息传输的最小单元。虽然帧头和帧尾所用的字节数是固定不变的，但依被封装的数据包大小的不同，以太网的长度也在变化，其范围是64～1518字节（不计入前导字的8字节长度），一个帧由8个域或称字段构成。其结构如图6-1所示。

| 前导码 | 帧起始定界符 | DA | SA | 长度 | LLC数据 | PAD | FCS |
|---|---|---|---|---|---|---|---|
| 7 | 1 | 2或6 | 2或6 | 2 | 0到1500 | | 4 |

图6-1 以太网帧结构

前导码和帧起始定界符：前导码长度为7字节，每个字节的8位数码是"10101010"，其作用是唤醒接收器，并且使接收器探测到输入信号流并与之建立同步。帧起始定界符为"10101011"，通过第一个出现的两个连续的"1"，表示一个有效帧的开始。帧起始定界符和前导码都是导引信号，它们在发送时附加在帧前面，形成帧头，接收时由接收器删除掉，不传送给高层协议。

目的地址和源地址：即DA和SA，表示数据帧的发送节点硬件地址和接收节点硬件地址。它有16位或48位两种地址格式，长度相同，早期以太网曾经使用过16位长度的地址，目前一般都采用48位二进制表示，即6字节。

DA地址格式如图6-2所示。I/G（Individual/Group）为地址类型标识位，I/G=0表示单地址，I/G=1表示成组地址，在以上两种格式中，若各位均为1，则表示是广播地址。U/L（Universal/Local）为地址的管理权限位，U/L=0表示全局管理；U/L=1表示局部管理。

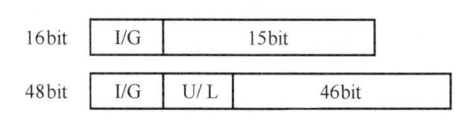

| 16bit | I/G | 15bit |
|---|---|---|
| 48bit | I/G | U/L | 46bit |

图6-2 DA地址格式

长度：用以标识LLC数据的字节数，占2字节长度。

LLC数据：即LLC数据，其长度可以为0～1500字节。

PAD：填充字，用以满足最小帧长要求，如10BASE 5的最小帧长为64字节，当LLC数据不足以使帧长达到64字节时，则应在该PAD字段中填充相应长度的字，使之达到最小帧长。它的作用是增强冲突的识别能力。

FCS：帧校验序列，发送和接收算法都使用循环冗余校验（CRC）来产生FCS字段的值，共有4字节。校验范围是从DA到PAD的所有字段。生成多项式为

$$G(x)=x^{32}+x^{26}+x^{23}+x^{22}+x^{16}+x^{12}+x^{11}+x^{10}+x^8+x^7+x^5+x^4+x^2+x+1$$

在发送过程中对每一数据帧产生一个CRC校验码，连同数据帧一起发送。在接收过程中对所接收的信息进行相同的CRC计算，并将计算结果与接收的CRC码进行比较，以便发现传输数据损坏的情况，达到校验目的。

IEEE 802.3ac定义了以太网帧格式的扩展，增加了虚拟局域网（Virtual Local Area Network，VLAN）标识，VLAN标志为4字节，插入到SA和长度字段之间，表示这个帧所属的VLAN。由于增加了VLAN标志，帧的最大长度由1518字节增加到1522字节。VLAN是由软件构建的局域网中的一个逻辑分组（子集），它将相互关系密切的节点组合

在一起，每个 VLAN 是一个广播域，为 VLAN 内主机间提供更有效的交互数据传输。

### 6.1.4 拓扑结构

以太网的标准结构为总线型拓扑结构，但为了减少冲突，提升传输效率，经常使用交换机完成网络连接，从而改变为星形拓扑结构。星形拓扑可以通过级联的方式很方便地将网络扩展到很大的规模。早期的总线拓扑连接结构在物理结构上也可以看成星型的，如 10Base-5、10Base-2 等。

如图 6-3 所示，使用中继的集线器（Hub）连接各个网段，集线器包含介质连接单元（Medium Attachment Unit，MAU），通过收发器与各个网段连接，采用广播方式构成典型的共享式以太网，集线器同时只能传输一个数据帧，这意味着集线器所有端口都要共享同一带宽。集线器不包括 MAC 或者 LLC 功能，而只是将接收到的数据一位一位地转发给其他的网段。不过，一些集线器也可以实现完全的以太网接口功能以支持网络操作。例如，当发生冲突的时候，集线器可以产生一个冲突加强信号发给所有网段。

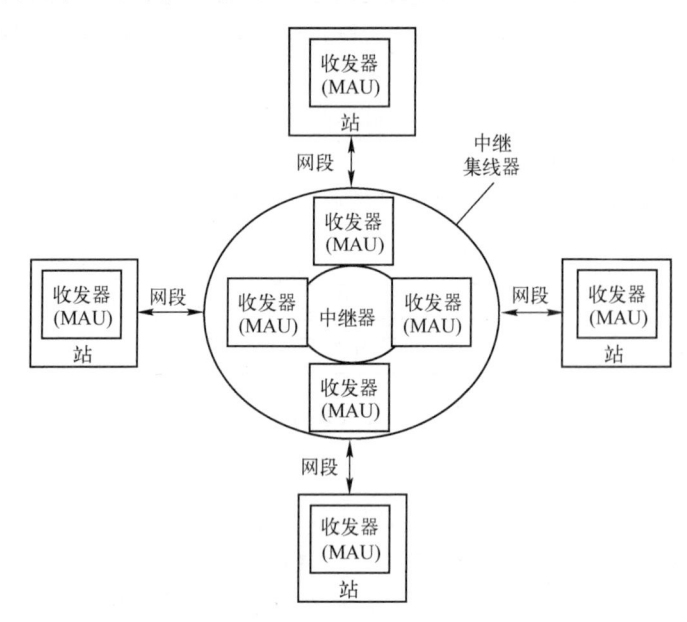

图 6-3 以太网拓扑结构

将图 6-3 中的集线器换成交换机，可以构成交换式以太网（Switched Ethernet）。与集线器将输入帧广播到整个网段不同，交换机基于帧交换技术为源端和目的端之间提供一个直接快速的点到点连接，为每一个端口提供独占的网络带宽。交换机每个端口都是一个独立的网段，可以利用交换机中的信道矩阵，在多个端口之间建立多个并发连接，从而突破传统以太网共享带宽的限制，使得每个站点的实际带宽大大提高。如果每个交换机端口只连接一台主机，并被设置为全双工链路模式，收、发都具有了独占的背板信道带宽，它们之间的数据输出和输入不必竞争底层的传输信道，则可以在该网段上屏蔽 CSMA/CD 机制。在计算机网络中，数据链路层通过访问 MAC 地址，判别和完成数据转发即二层交换，二层交换就是在同一个局域网内部实施数据交换，整个交换过程需要依据 MAC 地址表，由交换机建立、维护。而在计算机网络中则还需要 ARP 映射表，由计算机主机建立。MAC 地址表通常包括 MAC 地址、端口，还允许包括 VLANID，由交换机对各网段中主机的 MAC 地址进行动态的自主学习生成；ARP 映射表用于完成 IP 地址与物理地址之间的映射，实现数据链路层的帧封装。

交换机主要是基于解决共享传输介质、端口带宽过窄、广播风暴等问题而出现的。从帧的转发方式角度进行区分，交换机主要包括以下三种类型：

（1）直通式交换机。运用直接交换方式，从接收的帧中检测目的地址，根据地址查对表确定需要发送的端口，然后将该帧直接发送到对应的网段。直通式交换机优点是转发数据帧引起的时延较小，不足是由于不读取和检测帧校验字段，使其缺乏差错检测能力，可能转发冲突帧或带 CRC 校验错误帧，如果目的节点查到错误后再要求重传，可能导致网络传输量的增大。

（2）存储转发式交换机。读取整个接收的帧，检查帧校验字段，确定无误后，再根据地址查对表将数据帧发送到对应的网段。交换速度比直通式慢，但不会发送错误的数据帧。

（3）无错直通式交换机。与直通式交换机一样立即将接收到的帧发至对应的输出端口，同时还将整个帧读入一个缓冲器并检查帧校验字段，如果发现错误帧，则将对应的端口设置为存储转发交换方式。如果这些出现过错误的端口接收到的帧恢复正确并在预先设置的次数门限内一直正确，则再将其恢复为直通交换方式。

产业界与标准化组织定义了基于交换式结构的以太网扩展协议，其中对于全双工与优先级的定义以及虚拟局域网的功能，可以满足一部分嵌入式系统实时通信的应用需求。交换式以太网络和有限的优先级克服了共享介质以太网 CSMA/CD 机制固有的介质访问时间不确定性，但仍无法满足复杂的航空电子系统通信任务的实时性和可靠性要求，并且通信任务之间缺乏流量管理与隔离，无法支撑航空电子系统实时通信任务发布与调度需求。

全双工交换式以太网的目标就是要消除碰撞，消除信息包从发送者到接收者的不确定时间。其实现方法是在网络系统中设置全双工交换机作为数据信息交换中心枢纽，接入网络的每个航空电子系统直接连接到全双工的交换机，该交换机设置发送（Tx）、接收（Rx）两个线对，并具有用于发送和接收的信息包的缓冲区。缓冲区按照 FIFO（先进先出）工作模式存储多个输入/输出的信息包，输入/输出处理单元的作用是将接收到 Rx 缓冲区的信息包转移到 Tx 缓冲区发送出去。在上述实现中，通过检查到达 Rx 缓冲区的信息包，决定该信息包的目的地址（虚连接标识），接着通过索引表决定由哪个 Tx 缓冲区发送该信息包，进而通过内部总线复制该信息包到 Tx 缓冲区，以及按照先进先出的顺序传输信息包到与输出连接的航空电子系统或者是另外的交换机。如图 6-4 所示。

全双工交换结构消除了在半双工以太网中可能遇到的碰撞。但是，Rx 和 Tx 缓冲区可能会溢出，其解决方法是为航空电子系统分配大小合适的缓冲区，以避免溢出；另一方面，全双工交换式以太网中信息包的阻塞也是不可避免，作为代替碰撞和重发的交换机结构中，还可能产生抖动，原因主要是由于一个信息包等待另一个信息包传输的随机延迟而引起的，这就要求系统中的抖动必须得到控制，以便所有的通信是确定性的。

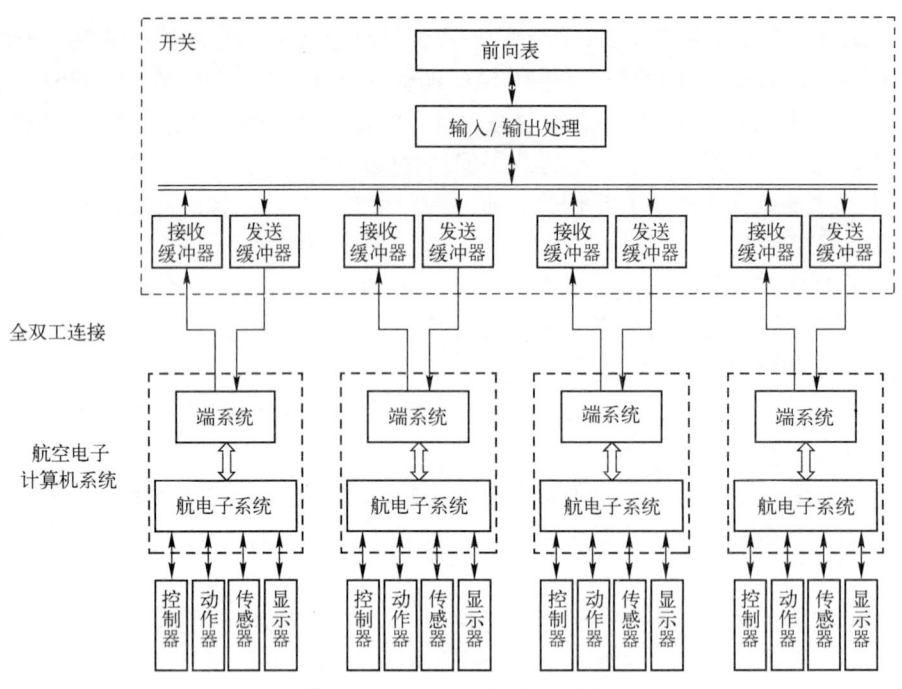

图 6-4　全双工交换式以太网

## 6.2　AFDX 概述

空中客车 A380 工程实施过程中对于机载网络数据通信的高性能需求是形成航空电子全双工交换式以太网（Avionics Full DupleX switched Ethernet，AFDX）的关键动因，AFDX 沿用了通用以太网的硬件，并对交换式网络进行严格实时性和冗余配置改造，克服了以太网网络的不确定性，鲁棒性大大提高，从而使其可以作为用于任务关键性系统的确定性网络，AFDX 由此演变为规范化定义的机载网络组网技术，AFDX 目前已经在部分型号飞机和直升机航空电子系统中实现应用。

ARINC664 是美国 ARINC 公司制定的新一代航空数据网络标准，主要包括八部分内容，AFDX 主要与 PART 2 和 PART 7 相关。2000 年前后，ARINC 公司发布了 ARINC 664 PART 7 规范草案，对这种"确定性网络"进行了定义；在 2004—2006 年间，规范草案被 ARINC 公司和美国航空公司电子工程委员会接纳为 ARINC664 PART7 标准，并于 2005 年 6 月公布。

第 1 部分：系统概念和概况。主要介绍网络结构，包括开放网络互联参考模型以及网络拓扑结构的比较。

第 2 部分：以太网物理层和数据链路层规范。介绍了基于 IEEE802.3 的多种类型物理介质的飞机数据网络的实现，包括在不同物理媒介上使用半双工和全双工网络。

第 3 部分：基于互联网的协议与服务。描述了传输控制协议（TCP）、用户数据报协议（UDP）、网际协议（IP）的功能特点以及基于 TCP/IP 传输协议的网络规范。

第 4 部分：介绍网络地址结构和地址分配，定义了飞机数据网络的通用地址结构。

第 5 部分：补充说明了网络域特点，并且涉及网络设计考虑、服务质量和安保考虑。

第6部分：保留。

第7部分：航空电子全双工交换式以太网络规范。描述了一个确定性网络，重点介绍了端系统和交换机规范。

第8部分：顶层服务。介绍了飞机数据网络在航空导航通信路由和顶层协议等应用上的例子。

AFDX是专用于航空电子网络互联的"确定性网络"。"确定性"主要是指时间的确定性，即"实时性"，实时性的性能保证机制由ARINC664 PART 7规范定义，同时包含了固定路由和冗余数据包管理等内容。AFDX的物理层服从ARINC664 PART 2规范中对于飞机数据网络（Aircraft Data Network，ADN）物理层的定义，后者考虑到飞机上以太网应用的适用性，对COTS以太网协议的物理层进行选择，对部分参数进行定制，规定计算链路预算的方法。

AFDX网络的应用使得研究人员对机载网络资源的分配研究由以端系统为核心内容逐步延伸至网络，并呈现出端系统与网络并重的研究现状。AFDX硬件设备主要包括端系统和交换机两大部分，交换机在网络中承担数据交换任务，其通过引入虚拟链路概念有效分配网络带宽资源，从逻辑上隔离消息间的影响，一条虚拟链路逻辑上类似于ARINC429总线的单向一对多传输链路。

需要强调是：AFDX允许连接到ARINC429、MIL-STD-1553B等其他标准总线，并允许通过网关和路由与其他适应ARINC664但非确定的网络通信，这样不但可以减少既有总线结构的改造，而且降低了工作成本。

## 6.3 AFDX硬件组成

AFDX总线系统硬件组成包括端系统、交换机、传输线路，另外还包括针对网络开展测试和配置管理的其他保障性设备，如网络配置工具、ARINC615A软件数据加载器、SNMP网络管理软件、监控卡、TAP卡和传输卡等工具。

### 6.3.1 AFDX端系统

AFDX端系统（End System，ES）是指提供航空电子系统和AFDX通信链路之间的接口，确保了航空电子子系统之间安全、可靠的数据双向交换。航空电子子系统之间依赖于嵌于设备内部的AFDX端系统完成相互之间的数据交换。端系统的机械特性、电气特性等物理层功能遵循飞机数据网络（ADN）的定义。

同OSI模型一样，AFDX端系统的通信协议也是分层的，如图6-5所示，自下而上依次为物理层、链路层、网络层、传输层和应用层等协议解析和数据收发功能。其中物理层、链路层、网络层、传输层均在AFDX端系统板卡实现。物理层遵循ARINC664 PART2规范，完成原始比特的物理传输。AFDX链路层与普通以太网区别较大，设计完成了用于实现网络确定性的流量整形机制以及网络冗余管理机制。传输层、网络层与OSI模型功能相似。应用层由端系统驱动来实现，当然也需要硬件的支持，应用层能够为不同的子系统提供规范化的应用程序接口（API）。航空电子子系统与端系统之间通过API接口参数调用完成数据通信。应用层实现了端系统的采样端口和队列端口两种类型端口，端口在一个端系统中由唯一的端口号标识，端口范围为（1027，65535），端口的角色要么是发送端口，要么是接收端口，不能两者兼顾。

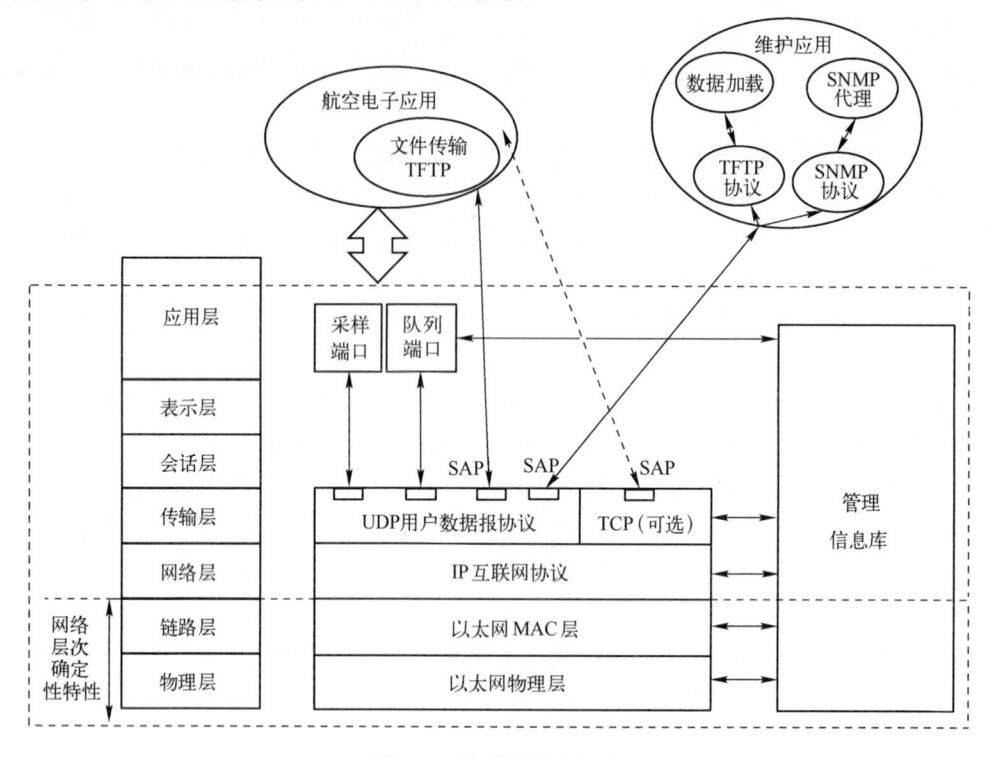

图 6-5　端系统协议层次

机载网络中，飞控、导航、通信、大气、火控等航空电子子系统之间的互联互通突出表现为航空电子计算机之间的联通问题。航空电子计算机与 AFDX 网络通过端系统实现连接，一般情况下，航空电子计算机系统支持多个航空电子子系统，并在各航空电子系统软件间提供多任务调度机制，以保证运行的安全性，通过为每个任务分配地址空间和 CPU 来实现，保证一个软件运行不影响其他软件运行。AFDX 系统的航空电子子系统和终端系统如图 6-6 所示。

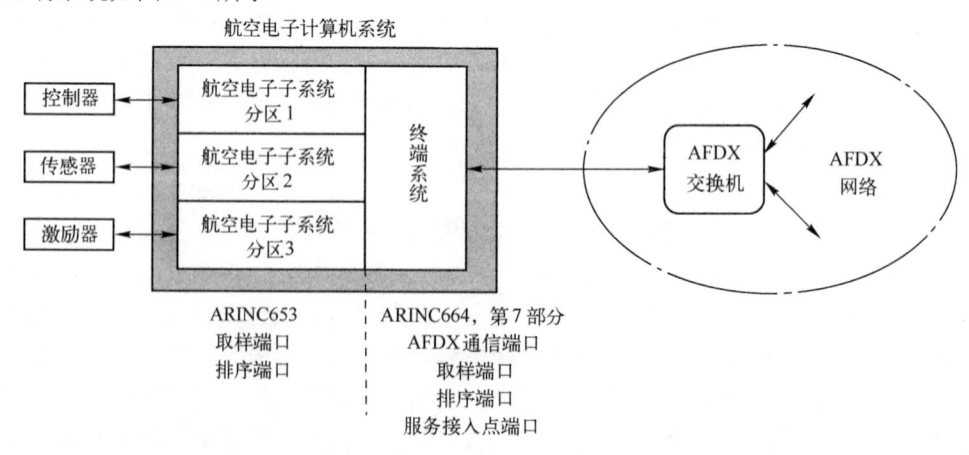

图 6-6　AFDX 系统的航空电子子系统和终端系统

有观点将航空电子子系统看作端系统与实际数据接收器之间的桥梁，从而也列入AFDX硬件范畴。

### 6.3.2 AFDX 交换机

AFDX 交换机（Switch，SW）是 AFDX 总线实现网络互联与网络通信的核心设备，其工作原理同传统交换式以太网交换机有相似的地方。从功能角度划分，通常将 AFDX 交换机设计为监视功能、交换功能、过滤与管制功能、配置表、端系统等 5 个相互作用的功能模块。

AFDX 交换机能够对交换端口输入的数据进行过滤检查和流量监管，对错误帧、不合格帧以及超流量帧按照相应规则进行抛弃，仅仅转发有效帧，确保网络数据帧确定性传输。对帧进行过滤检查时，主要包括如下方面：帧长度是否位于封装所允许的极值范围[64，1518]，且为 8 位的整数倍；帧校验值核实；帧路径所指目的地址域是否允许访问；虚拟链路标识与交换机输入端口不对应等。

对于 AFDX 来说，交换功能同样是 AFDX 交换机的核心功能，AFDX 交换机应当能够保持输入、输出帧的顺序；具备在任意端口接收数据帧，并将其转发到任意一个或多个端口的能力。对于每一个帧，AFDX 交换机同样首先检查帧的目的地址字段，然后将其与自己内部的地址表进行对比，查找是否存在与帧的 MAC 地址相同的地址，若存在则转发至相应的物理输出端口。不同的是 AFDX 交换机内部的地址表不是像传统交换式以太网中那样的动态路由表，而是静态路由表，静态路由表设计者根据带宽、总线上消息的负载量及消息的数量进行合理配置。

AFDX 交换机内部设置了端系统，可以与 AFDX 网络其他端系统进行通信，实现网络管理和网络配置功能，能够对网络传输进行监控和 MIB 统计，并通过网络管理实时上报。监视功能主要指监控网络上交换机的工作状态，并且负责记录日志。

交换机的配置表是预先导入的 XML 文件格式的静态配置表，交换机的各功能配置模块都是受该预先设定的配置数据文件控制。通常，交换机拥有至少两个配置文件：默认配置文件（Default_Configuration_File）和操作模式配置文件（Ops_Configuration_File）。默认配置文件对应于驻留配置，在交换机为空时使用或者在交换机正在被加载时使用；操作模式配置文件对应于可加载配置，在交换机操作模式下使用（Operational mode，OPS）。OPS_Configuration_File 中的每一个表包含：交换机端系统配置表（EndSystem_Configuration_Table）和过滤管制与转发配置表（Filtering_Policing_and_Forwarding_Configuration_Table）。AFDX 交换机应该具有基于 MAC 目的地址的流量优先级机制，分为高优先级和低优先级两类流量。优先级应该在过滤管制与转发配置表中基于虚拟链路定义。

AFDX 交换机功能模块设置如图 6-7 所示。

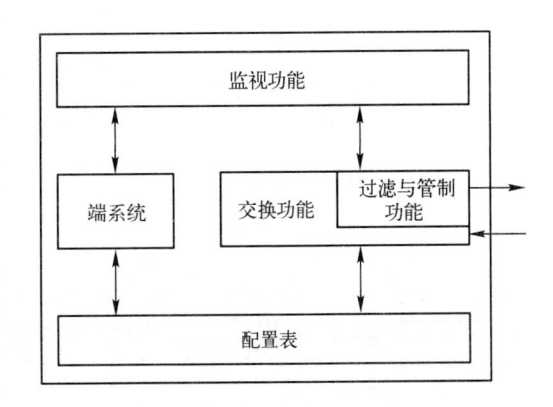

图 6-7 AFDX 交换机功能模块设置

根据AFDX交换机与其他网络设备的连接方式，交换机可区分为支干交换机和骨干交换机，支干交换机与AFDX终端系统连接，形成局部小型网络；骨干交换机与其他交换机连接，连接多个小型网络。

### 6.3.3 AFDX传输链路

AFDX网络的物理层符合ARINC664 PART2规定的以太网物理层和数据链路层规范。AFDX网络可以选用电信号和光信号两种传输形式，其中电信号接口包括10Base-T和100Base-TX，光信号接口包括100Base-FX和1000Base-SX。通常可以使用铜或光纤作为其传输介质，地面测试时情况下也可以使用RJ45水晶头网线进行连接。AFDX传输速率包括10Mb/s和100Mb/s两种，不允许传输速率的自适应设置。

新的体系建立在IEEE802.3的标准之上，因此其物理层信号的类型以及传播方式都跟传统以太网相同。其物理层是双线差分信号，通过一对并行、耦合的传输线路进行传输，一根传输信号，另一根传输它的互补信号，最终输出这对差分信号的比较值，它通过两路信号的相减实现减小外界干扰的目的，其结构具有抗干扰能力。

### 6.3.4 拓扑结构

与交换式以太网相同，AFDX设计为星型拓扑结构，每个AFDX交换机最多可连接24个端系统，支持支干交换机和骨干交换机共同工作构成级联机制工作方式，使得AFDX总线结构灵活，具备极高的可扩展性，普遍应用于大规模复杂航空电子系统的组网。AFDX中的每一个终端系统与交换网络之间有两条双向的连接，体现为系统冗余特性。

图6-8所示3个AFDX端系统中，有两个端系统是为航空电子子系统提供通信接口，第三个是用来为网关提供接口。后者是为了在AFDX网络和外部IP网络之间建立通信信道，以便于数据资料的加载、记录和地面的维护测试。

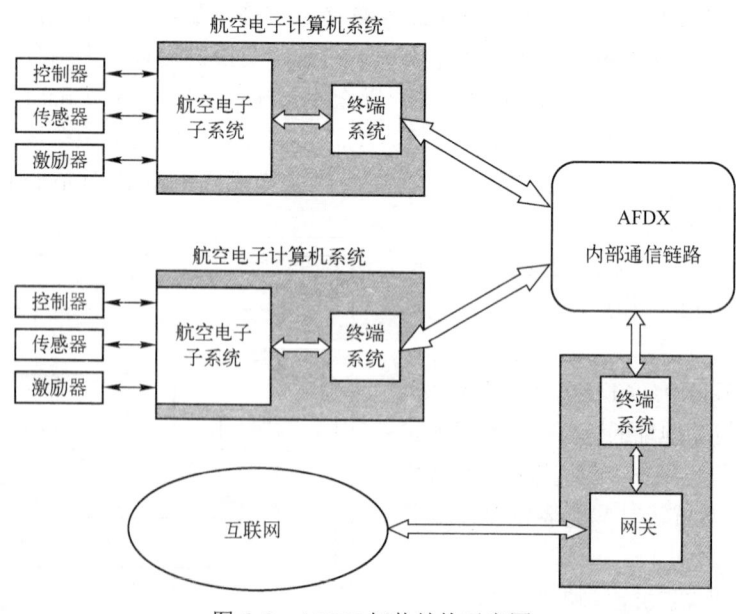

图6-8　AFDX拓扑结构示意图

## 6.4 AFDX 帧格式

帧是以太网通信信号的基本单元，同以太网一样，AFDX 网络也是以帧的形式完成传输的，AFDX 帧结构基本遵守 IEEE802.3 标准规范。

### 6.4.1 AFDX 帧构成

首先 7 字节的前导字和 1 字节的帧起始分界符作为数据帧的必要部分被添加，前导字（Preamble）标志着 AFDX 帧的开始，其作用是使接收节点进行同步，并做好接收数据帧的准备。

帧起始定界符（SFD）紧跟在前同步信号的后面，表示一帧的开始。

MAC Header 为 MAC 头部（14 字节），其中包括目的 MAC 地址，源 MAC 地址，类型字段。

IP 头和 UDP 头的长度分别为 20 字节和 8 字节。

UDP 包体长度为 17~1471 字节，如果 UDP 包体小于 17 字节，则在 UDP 包体与顺序号之间添加填充域，即填充若干个 0 使之达到最小帧长度。

端系统中的每条虚拟链路（Virtual Link，VL）在发送每一个数据帧时都要加入序列号，用于区分正常操作情况下的冗余帧，序列号长度为 1 字节，范围为 0~255。

最后 4 字节的帧 CRC 校验值字段为整个 AFDX 帧的校验和。

可以看到，航电系统之间传送的有效数据是被封装在 UDP 数据报的有效负载中的。虽然整体的帧结构和普通以太网的帧格式差别不大，但为实现 AFDX 网络的虚拟链路机制，MAC 层的帧头部和 IP 包头都有指定的格式，如图 6-9 所示。

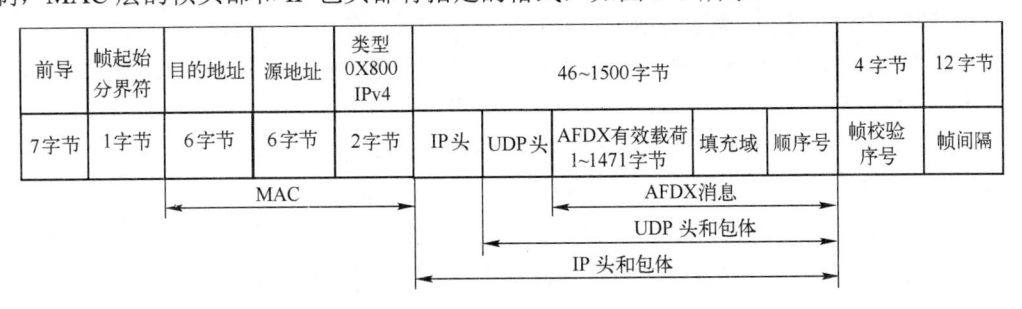

| 前导 | 帧起始分界符 | 目的地址 | 源地址 | 类型 0X800 IPv4 | 46~1500 字节 |||||| 4 字节 | 12 字节 |
|---|---|---|---|---|---|---|---|---|---|---|---|---|
| 7字节 | 1字节 | 6字节 | 6字节 | 2字节 | IP头 | UDP头 | AFDX有效载荷 1~1471字节 | 填充域 | 顺序号 | | 帧校序号 | 帧间隔 |

MAC / AFDX消息 / UDP 头和包体 / IP 头和包体

图 6-9　AFDX 帧结构示意图

### 6.4.2 MAC 帧格式

MAC 帧头由 6 个字节的 MAC 源地址和 6 字节的 MAC 目的地址以及 2 字节的类型字段构成。如图 6-10 所示。

MAC 目的地址为组地址和本地管理地址（ARINC664 Part7），分别对应高 8 位的最低位和次低位被设置为 1。除了这两位之外，固定域的其他位都被设置为 0，因为 ARINC664 规定每个端系统的 MAC 地址的固定域应该是相同的。由于虚拟链路必须被

MAC 目的地址所标识，因此低 16 位被用作虚拟链路标识符域。

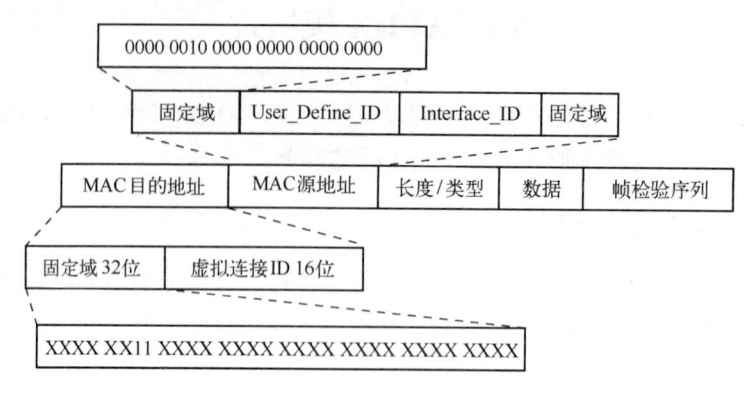

图 6-10 MAC 帧结构

MAC 源地址应该是个体地址（高 8 位的最低位为 0）和局部管理地址（高 8 位的次低位为 1）。源地址中的网络 ID 部分和设备 ID 部分构成了 ARINC664 标准所规定的用户定义 ID（User_Defined_ID），用于给每个在网络上 IP 可寻址的主机一个独一无二的并且是有意义的 IP 地址，同一主机上个不同分区拥有共同的用户定义 ID。MAC 源地址的接口 ID 部分规定了以太网控制器连接到 AFDX 哪一个冗余网络（001 表示连接到网络 A，010 表示连接到网络 B，其他组合情况未使用）。固定域 5 位填充为全 0。

### 6.4.3 IP 数据包格式

在 IP 层，IP 包头中的 IP 源地址用来唯一地标识一个主机上的一个分区（发送分区），IP 目的地址则是一个多播地址。

IP 源地址应该是 A 类私有地址，并且是单播地址（前 8 位应该是"0000 1010"）。ARINC664 PART4 虽然规定机载设备的 A 类私有 IP 地址范围应该在 10.128.0.0～10.255.255.255 之间，但在第 7 部分补充规定，如果只限于机载设备之间的封闭通信，而不与互联网互联，则地址范围可以不在规定范围之内。IP 源地址中的网络 ID 和设备 ID 共同构成用户定义 ID（User_Defined_ID）。分区 ID 用来唯一标识一个主机上的一个分区，其中空余域一般不用，设定值为"000"，这些二进制位在系统分区数量超过 32 个情况下可扩展作为分区的标识。表 6-1 所列为 IP 地址（源及单播目的 IP 地址）格式。

表 6-1 IP 地址（源及单播目的 IP 地址）格式

| A 类私有地址 | 网络 ID | | 设备 ID | 分区 ID | |
|---|---|---|---|---|---|
| 00001010 | 1000 | 4bit | 8bit | 空余域 | 5bit |

IP 目的地址可以是单播地址，也可以是组播地址。表 6-2 中的 IP 目的地址为组播地址，其中固定域的高四位为 1110，表示这是 D 类地址（组地址）。固定域的确定使得 IP 组播目的地址符合 ARINC664 PART4 所规定的地址范围（224.224.0.0～224.224.255.255）。IP 目的地址的低 16 位用来标识虚拟链路。例如，如果目的虚拟链路为 VL10，则目的 IP 地址为 224.224.0.10。

表 6-2 IP 地址（组播目的地址）格式

| D 类地址 | IP 组播 ||
| --- | --- | --- |
| | 固定域 | 虚拟链路 ID |
| 1110 | 0000 1110 0000 | 16bit |

### 6.4.4 UDP 数据报格式

UDP 数据报遵循互联网协议的规范。当 AFDX 网络是一个完全封闭的网络时，UDP 源端口和目的端口可以任意设置。但当 AFDX 网络要与其他系统进行集成或要与互联网通信时，要做到与互联网一致，使用周知的端口（0~1023）提供周知的服务（如 TFTP 服务使用 UDP 的 69 端口、HTTP 超文本传输协议使用的 80 端口）。UDP 数据报格式如表 6-3 所列。

表 6-3 UDP 数据报格式

| UDP 数据报头 ||||
| --- | --- | --- | --- |
| 源端口号 | 目的端口号 | 有效负载长度 | UDP 校验和 |
| 16bit | 16bit | 16bit | 16bit |

## 6.5 AFDX 工作机制

为了提供实时数据传输、有保障的服务，AFDX 引入了带宽分配间隔和抖动等特定的概念和特性，以满足航空电子系统数据传输的特殊要求。

### 6.5.1 相关特性参数

AFDX 网络实时性主要体现在网络的最大传输延迟控制上，对交换机和端系统上通信参数通过配置表进行预先定义，交换机和端系统的网络通信严格按照规定的通信参数运行，确保了网络通信的确定性。

**1. 抖动**

以 ARINC429 总线为代表的端到端线路中，在布线完成情况下，具有带宽固定、端系统时延固定且无碰撞等特点，而且链路之间相互独立，互不影响，这样消息的传输时间可以被计算出来。而在 AFDX 网络中，数据之间会发生资源争用而产生时间延迟，称为抖动（Jitter），即从每个带宽分配间隔（Bandwidth Allocation Gap，BAG）的开始处到实际分组传输开始的时间长度。端系统和交换机均可以引起抖动，端系统抖动是由于端系统内部或在端系统的输出流量整形调度引起的，交换机抖动是由交换机调度和输出端口排队堵塞产生。抖动并不是固定值，但抖动的界限能够通过数学计算得到，应满足如下公式限制：

$$\mathrm{max\_jitter} \leqslant 40\mu s + \frac{\sum_{i \in \{VL的集合\}}(20字节 + L_{\max,i}字节)*8位/字节}{Nbw \ b/s}$$

$$\mathrm{max\_jitter} \leqslant 500\mu s$$

式中：$L_{\max}$ 为虚拟链路上帧的最大长度；Nbw 为介质带宽；$40\mu s$ 为典型的最小固定技术

时延抖动。

第一个公式描述了一个虚拟链路因其他虚拟链路而引起的抖动的界限，第二个公式描述了虚拟链路的最大抖动值。从公式可以看出，虚拟链路比较少并且帧长度较短的终端系统最大允许抖动较小，在所有情况下，抖动均被限制在 500μs 以内。

**2. 带宽分配间隔**

带宽分配间隔（图 6-11）是 AFDX 的基本带宽控制机制。在假设零抖动的前提下，BAG 指两个连续的 AFDX 帧起始位之间的最小间隔。

端系统通过端系统配置表获取预先设定的 BAG 值。带宽分配间隔应结合数据刷新周期和应用发送端口数量等应用需求来进行确定，通常还应满足公式：BAG=$2^K$，（K=0～7，K∈**Z**），所以 BAG 数值范围为 1～128ms。例如，一条 VL 中应用了两个端口，端口 1 刷新周期 60ms，端口 2 刷新周期 120ms，则 120ms 内输出 3 个 AFDX 帧。要求 BAG<120/3=40ms，BAG 取值为 32ms（$2^5$ms）。

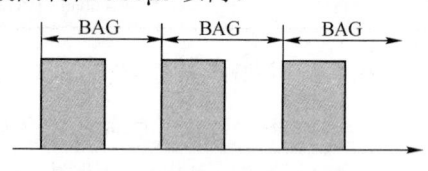

图 6-11 带宽分配间隔示意图

### 6.5.2 虚拟链路机制

虚拟链路是 AFDX 的核心，它可以被理解为一个唯一源端系统到另一个或多个端系统之间的单向的逻辑路径。AFDX 网络将节点之间的数据连接用虚拟链路代替，在端系统之间传送数据帧。

设计人员根据网络配置情况预先确定每条虚拟链路的带宽，保证虚拟链路在有效的带宽内互不影响，实现虚拟链路逻辑上的隔离。每条虚拟链路被分配一个带宽分配间隔和最大帧长度，两者是描述虚拟连接的重要参数，最大可用带宽为 $L_{max}$/BAG，而且源于同一终端设备的所有虚拟链路最大带宽之和不超过该物理链路的带宽。

端系统通过虚拟链路来交换帧，能支持大量的虚拟链路。作为逻辑上的通信调度对象，一条 VL 不允许共享两个或多个源。在物理上很多条虚拟链路共用一条以太网物理链路；一个端系统可以是一个或者多个虚拟链路的源。图 6-12 所示为一条物理链路上承载了 3 条虚拟链路，由端口 1、2、3 发送的消息通过虚拟链路 1 传输，端口 4、5 发送的消息通过虚拟链路 2 传输，端口 6、7 发送的消息通过虚拟链路 3 传输，为了避免使用同一条物理连接的一条虚拟链路干涉其他虚拟链路的数据传输，通过限制数据帧传输的数据和传输数据帧的大小来实现虚拟链路隔离。

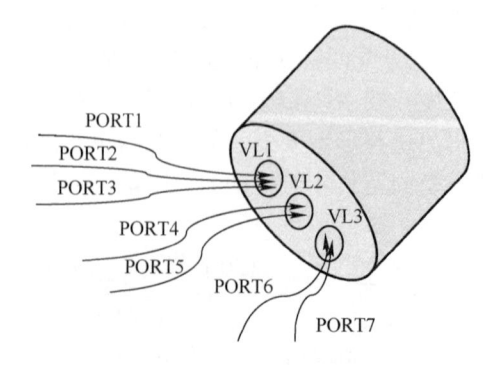

图 6-12 VL 与物理链路对照图

图 6-13 所示为通过虚拟链路传输数据包的例子。当源端系统 1 通过虚拟链路（VLID=100）将以太网数据帧传输到网络中，AFDX 交换机将此数据帧传输到预先确定的目的终端系统 2 和系统 3 中。源端（Source End System）只有一个，目的端（Destination End System）可以是一个或多个，虚拟链路 ID 是同一个。

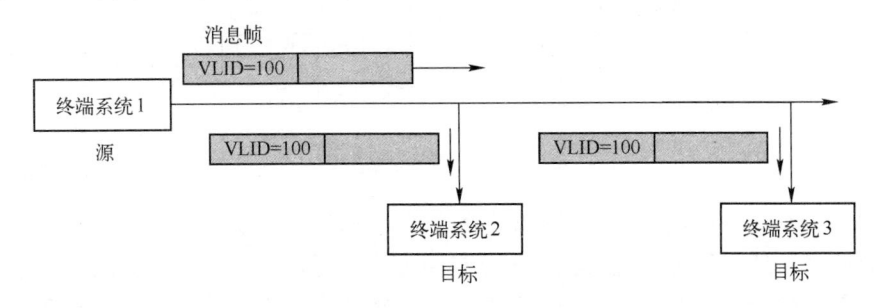

图 6-13 数据包传输实例

通常，一台交换机可以支持 VL 的数量是 4096 条，而通过一个 ES 的 VL 最大数量是 128 条，一条 VL 可以拥有最多 4 条子 VL。每个 Sub VL 中也采用 FIFO 的策略，Sub VL 之间采用循环的策略。

### 6.5.3 静态路由表

对于 AFDX 交换节点，ARINC664 约束其选用存储转发机制完成消息转发。AFDX 交换机使用的是静态的路由表，它是根据网络的配置情况预先由设计人员预先设置并固化发送端与接收端之间的交换路径。它不会随未来网络结构的改变而改变，AFDX 交换机给输入的帧设定好了一个或多个路由。

AFDX 交换节点通过"UDP 源端口+IP 源地址+MAC 目的地址（VL 标识）+IP 目的地址+UDP 目的端口"的五元组合寻址方式进行寻址。交换节点通过识别消息报头的 VL，根据转发配置表中的 VL 的映射端口进行转发，VL 成了路由的关键识别标志。

对于每条 VL，配置表内容包括输入物理端口、输出物理端口列表、MAC 目的地址（VL 标识符）、带宽分配间隔（BAG）、最大允许抖动、优先级等。AFDX 协议为每个端口分配了缓冲，对竞争输出的流量进行临时存储，避免消息丢失，同时采用优先级策略增强关键消息转发的实时性，在 AFDX 协议中，目前只支持高低两级优先级。

### 6.5.4 流量整形机制

一个端系统可以有多条虚拟链路，AFDX 源端系统采用流量整形机制对各条虚拟链路分配通信资源，流量整形的目的是限制突发流量的出现，使数据流以比较均匀的速度向外发送，所以流量整形是确定性分析的基础。虚拟链路上帧的流量整形通过两个参数来描述：带宽分配间隔（BAG）和虚拟链路上帧的最大长度（$L_{max}$）。当一个帧长度超过 VL 最大帧长时，流量调整器进行数据分片，以满足对帧长度的要求；另外，虚拟链路都需要根据自身的 BAG 进行流量整形，最终确保在每个 BAG 中，发送帧数目不超过 1 个。流量整形如图 6-14 所示。

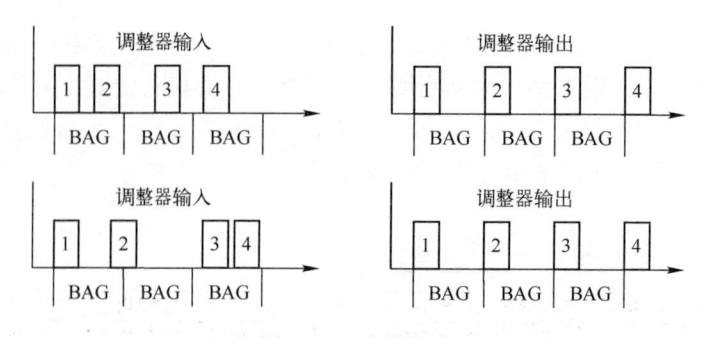

图 6-14　流量整形

当同一个发送端系统上存在多条虚拟链路时,通过调度实施,将这些整形后的虚拟链路中的帧合并到一条物理链路上以多路复用方式进行发送,当调整输出与虚拟链路调度的切换组合在一起,就引起抖动,同时到达多路切换的输入的以太网帧也会形成队列延迟。多路复用应确保帧能够在最大允许抖动时间内出现。VL 调度原理如图 6-15 所示。

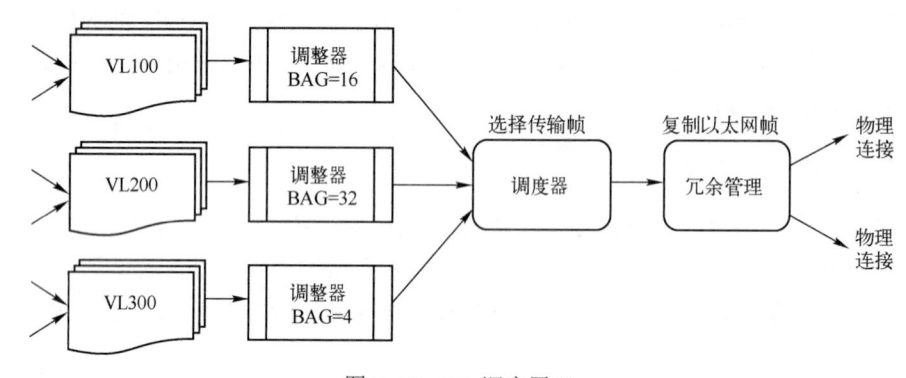

图 6-15　VL 调度原理

流量整形通过 BAG 和 Jitter 定时器将 VL 上待发送的数据帧在固定的时间段内传送到网络中,并使数据传输延迟可以控制在有界的范围之内,并以此为网络数据传输的确定性提供保障。

### 6.5.5　完整性检查与冗余管理机制

接收端系统包括完整性检查(Integration Check,IC)和冗余管理(Redundancy Management,RM)模块,根据"接收最先到达的且有效的消息"的原则进行数据的合并选择,将冗余管理结果帧转发到相应分区。

"完整性检测"是指接收端系统在每条虚拟链路内按顺序检查序列号。在 AFDX 中,所有通过虚拟链路来传输的帧都由源端系统提供了 1 字节的序列号字段,这个序列号字段排列在帧校验序列(FCS)字段之前。序列号的范围是从 0～255,同一虚拟链路上按照逐帧加 1 的规则赋值帧序号,序号在达到 255 后回卷到序列号 1。序列号 0 保留,用于发送端系统复位。

接收端系统在"完整性检测"时可以根据帧的序号可以轻易判断同样编号的帧到达的顺序,避免帧的重复。对于无故障的网络来说,完整性检测的任务就是把帧传递到冗余管理部分;对于有故障的网络来说,完整性检测是要消除无效帧并且通知到网络管理部分。针对帧的完整性检测在[PSN+1，PSN+2]范围内进行，PSN（Previous Sequence Number）为接收到的前一个帧的序列号，"+"仍为回卷递增，对完整性检测没通过的问题帧直接过滤掉。

冗余管理被放在完整性检测之后，AFDX 接收端系统将根据帧的序列号进行冗余管理，冗余管理功能仅仅是消除冗余帧。采用以上所描述的方法可以使整个系统的冗余性得到有效的保证而系统硬件又不会大量地增加。

AFDX 通过冗余路径来提高网络的可靠性，设计有两个互为冗余的交换网络（网络 A 和网络 B，如图 6-16、图 6-17 所示），每个端系统具有两个独立的物理端口。在冗余配置下，每个端系统将帧复制成两份，分别通过物理上相互独立的交换路径发送至目的端系统，通过序列号就能够识别帧的具体身份。目的端系统根据序列号按序接收。如果两个帧都被正常接收，则使用"先到达有效"（First Valid Win）的规则，后到者被丢弃；如果其中一个出现传输故障，则可以用另一个进行替代。

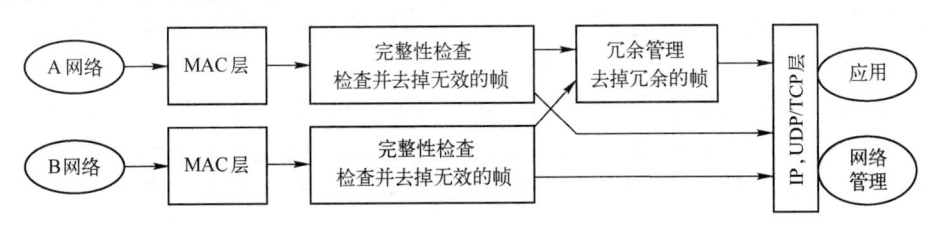

图 6-16 接收端系统的完整性检查与冗余管理

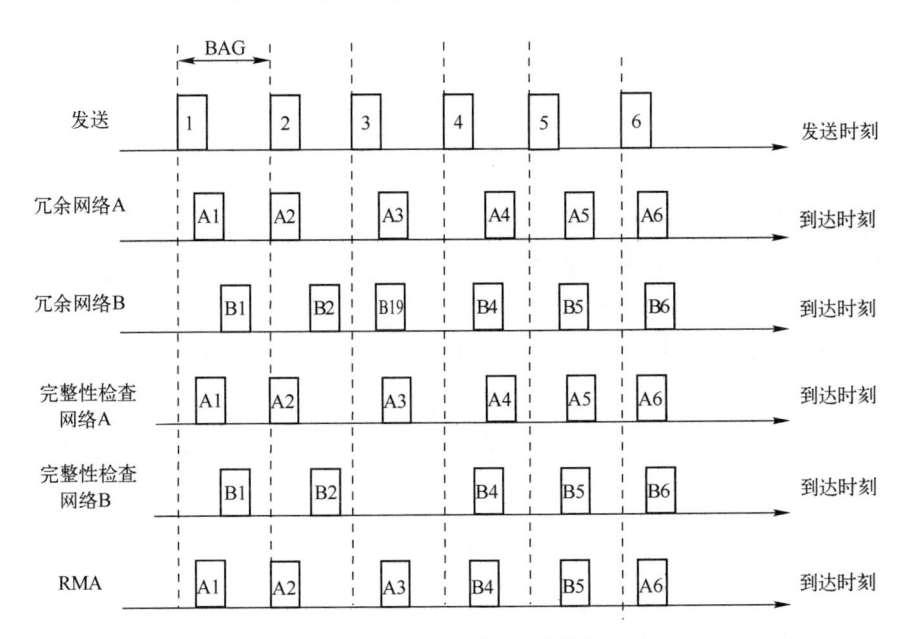

图 6-17 冗余管理示例图

## 6.6 AFDX 传输过程

AFDX 网络中的各航空电子子系统都是通过应用软件使用通信端口发送信息来进行

彼此之间收发的，它们给发送和接收的信息提供了一个编程机制。AFDX 协议主要包括发送和接收两个协议，其协议栈包括发送栈和接收栈，协议层可进一步细分为 AFDX 通信服务、UDP 传输层、IP 网络层和连接服务层（虚连接）。

### 6.6.1 通信端口

端系统提供采样端口（Sampling Port）和队列端口（Queuing Port）两种类型的通信端口，并通过相应的 API 接口予以支持，每种通信端口都采用 UDP（无连接）数据报服务。ARINC664 中给 AFDX 定义了采样、队列和服务接入点（Service Access Point，SAP）3 类端口，其中，AFDX 采样和队列端口与 ARINC653 端口分别对应，SAP 端口则用来进行 AFDX 系统和非 AFDX 系统之间的通信，使 AFDX 可以在综合化航空电子系统机载网络构建中扮演至关重要的角色。

**1. 采样端口（图 6-18）**

采样端口和队列端口的差别主要在接收端。采样端口只能缓冲存储一条消息，而应用程序仅从存储区读取消息内容，但并不取走消息，因此一个消息可以被多个分区多次重复读取。新到消息将覆盖原存储区内的消息，而不管它是否已被应用程序读取。同时，它必须提供一种更新指示（Freshness），这样应用程序才能知道航空子系统是停止发送了还是发送同一条消息。采样端口具有最新覆盖的特性，适用交换状态消息。

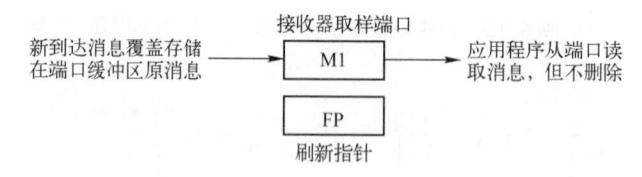

图 6-18　接收器的采样端口

**2. 队列端口（图 6-19）**

队列端口有充足的缓冲器存储空间，可存储足够的信息（参数可配置），如图 6-19 所示。新信息排在原来消息的后面，形成一个队列，应用程序从存储区读取消息内容的同时也把该条消息从存储区取走（采用 FIFO 原则）。队列端口一般适合于传输非周期数据。

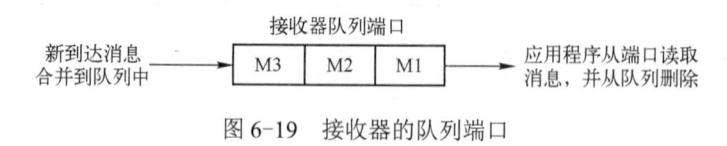

图 6-19　接收器的队列端口

### 6.6.2 发送过程

AFDX 网络发送协议栈如图 6-20 所示。工作过程：首先，将信息送到 AFDX 端口，UDP 传输层负责添加 UDP 报头（包括合适的源和目的 UDP 端口号）。这些端口数通过系统配置确定，并且对每个 AFDX 消息传输，通信端口是固定的。在 AFDX 通信端口作为 SAP 端口使用的情况下，应用程序动态指定了 IP 和 UDP 目的地址。其次，IP 网络层接收到 UDP 数据包后，将根据虚拟链路最大值来决定是否需要对包进行分解，当数据包大于最大帧长度（$L_{max}$）时就将数据包分解为一些小的数据包块。再添加 IP 报头，对每个数据包块计算 IP 校验和。IP 网络层还在数据包上添加以太网报头，并且把帧放在合适的虚拟链路队列中进行多路复用。最后，数据帧进入链路层，虚拟链路负责调度以太网帧，添加序列号，然后将此帧发送到冗余管理单元。冗余管理单元负责复制帧，然后把网络地址添加到以太网源端地址，将此帧发送。

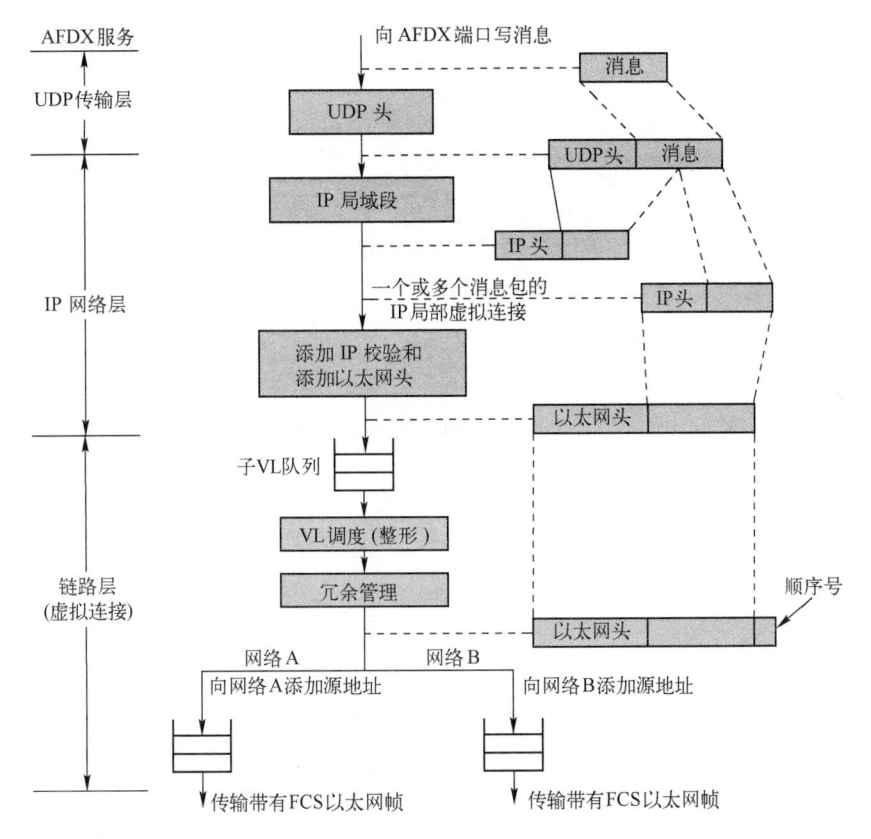

图 6-20　AFDX 发送协议栈

发送过程中选用采样服务时，不能进行 IP 分片操作，所以每条采样消息的长度都应当不大于 $L_{max}$，而队列服务则能够通过 IP 分片管理 8KB 内的应用数据。

### 6.6.3　接收过程

AFDX 网络接收协议栈如图 6-21 所示。工作过程：AFDX 网络的数据接收过程同发送过程相反。从终端接收以太网帧开始，首先采用 FCS 帧校验序列号方式（Frame Check Sequence）检查帧的正确性，如果没有错误，AFDX 帧去掉 FCS 校验位，再通过数据完整性的校验，传输到冗余管理单元，该功能在虚拟链路层完成。然后帧进入 IP 网络层，IP 网络层负责检查 IP 校验，还应将 UDP 数据包部分完成重组。最后，UDP 数据包被传输到 UDP 传输层，在那里被传输到适当的 UDP 端口，进入接收端口队列，完成接收过程。

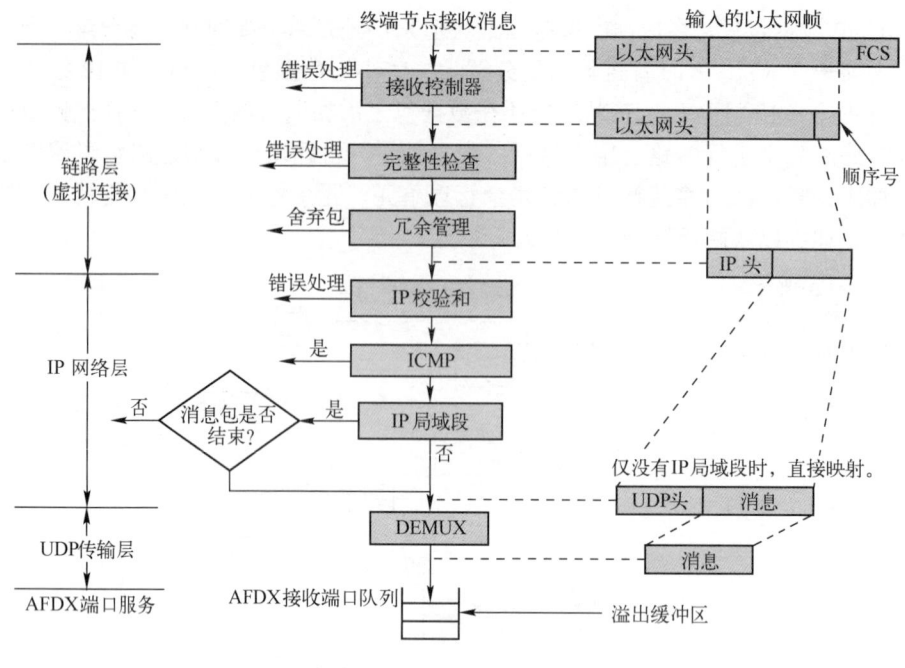

图 6-21 AFDX 接收协议栈

## 6.7 典型应用

ARINC664 标准定义的 AFDX 网络具有全双工通信、系统无竞争冲突、时间延迟可控、带宽保障和灵活、可靠、安全及软硬件复用等优点，协议结构完整。航空电子全双工交换式以太网技术相对于原有的 ARINC429 总线具有明显优势，已经成功应用于航空领域，在未来必将迎来更加巨大的发展空间，在军用和民用直升机上也有不错的表现。目前，很多军用直升机机载网络设计都采用了多种机载总线并存的方式，在继续使用 1553B 总线作为低速多路传输总线的同时，保持与现有航空电子设备兼容性的同时，加入 AFDX 以太网之类的传输形式，满足航电系统整体或局部数据传输需求。

CH-47F 直升机为美国波音公司制造的双发动机、双旋翼中型运输直升机，主要任务是部队运输、战场补给、装备输送，装备有罗克韦尔·柯林斯公司开发的通用航空电子体系结构系统座舱和 BAE 公司研制的先进飞行控制系统。CH-47F 直升机采用的机载总线包括 AFDX、1553B 总线、ARINC429 总线、RS-422 总线、SMTPE292 视频总线等。

以色列 ORBIT 通信公司利用 AFDX 总线成功研制了"猎户座"分布式实时网络平台，能够提供先进的定向与音频处理能力，还能够实现为特种任务飞机、搜援直升机的客舱和货物监控提供机载视频分发和管理，有超过 3500 多架军事、商业飞机和直升机正在使用"猎户座"通信管理系统。

# 第 7 章　CAN 总线

CAN 总线是由德国电气商 BOSCH 公司在 20 世纪 80 年代初为解决现代汽车中众多的控制与测试仪器之间的数据交换而设计开发的一种现场总线,最初主要应用于汽车内部测量和执行部件之间的数据通信,如汽车发动机部件、传感器、抗滑系统等。其高性能和可靠性得到认可后,应用范围也逐渐扩展到控制、机械、纺织等行业。随着 CAN 总线相关技术的日趋成熟,以及车载平台与机载平台在某些方面的相似性,其在航空领域的应用逐渐得到重视,近年来国内外的航空器制造商已经开始把 CAN 总线应用到直升机(飞机)上,使直升机(飞机)产品在性能改进的同时具有更高的经济性。

## 7.1　CAN 总线概述

CAN(Controller Area Network)总线即控制器局域网,是一种高性能、高可靠性、易开发的串行通信协议,具有实时性好、抗干扰能力强、带宽高等特点。CAN 总线的高性价比使得 CAN 通信协议得到广泛应用,其在各个领域的广泛使用促进了 CAN 规范的发展和标准化的进程。

1991 年,BOSCH 公司发布了 CAN2.0 技术规范,该技术规范分为 CAN2.0A 和 CAN2.0B。CAN2.0A 给出了曾在 CAN 技术规范版本 1.2 中定义的 CAN 报文格式,支持标准的 11 位标识符。CAN2.0B 给出了标准的和扩展的两种报文格式,同时支持标准的 11 位标识符和扩展的 29 位标识符,CAN2.0B 规范完全兼容 CAN2.0A 规范。

1993 年 11 月,国际标准化组织正式发布了 CAN 的国际标准 ISO11898,该标准中规定了物理层的波特率最高为 1Mb/s。1995 年,在国际标准 ISO11519-2 中规定了 CAN 数据传输中的容错方法。

CAN 规范的标准化发展过程中,ISO11898 标准也进行了扩展,其中,ISO11898-1 描述了 CAN 数据链路层;ISO11898-2 定义了非容错 CAN 物理层;ISO11898-3 规定了容错 CAN 物理层。

CAN 规范虽然在不断发展,但是其并非完整的协议,规范只定义了数据链路层和物理层协议,缺少应用层协议。为了适合不同行业或者不同实际对象应用需求,相关行业又制定了相应的 CAN 应用层协议,航空领域代表性的 CAN 总线协议主要有 CANaerospace 和 ARINC825。本章首先介绍 CAN 总线基础知识,而后介绍 CANaerospace 和 ARINC825 协议及其应用。

## 7.2　CAN 总线的特点

CAN 总线采取了许多新技术和独特的设计，与其他的通信总线相比，具有优良的可靠性、实时性和灵活性。其主要特点如下：

（1）多主工作方式。网络上任一节点均可在任意时刻向网络上其他节点发送信息，而不区分主从，通信方式比较灵活，且无需站地址等节点信息。

（2）非破坏性的基于优先权的总线仲裁技术。当总线发生冲突时，高优先级报文可以不受影响地进行传输，保证了高优先级报文的实时性要求，而低优先级的报文退出发送，节省总线冲突仲裁时间，有效避免出现网络瘫痪情况。

（3）传送数据方式灵活。借助报文滤波即可实现点对点、一点对多点及全局广播等多种传输方式。

（4）远程数据请求。CAN 总线可以通过发送远程帧，请求其他节点的数据。

（5）高时效性。使用高效的短帧结构，每个数据帧的数据域最长为 8 字节，传送短报文效率高。

（6）高可靠性。短帧传输时间短，抗干扰能力强；使用可靠的错误检测机制，每帧都有循环冗余码、CRC 校验、总线监测、位填充及其报文检查等措施，保证了极低的出错率；发送期间丢失仲裁或者由于出错而遭破坏的帧可自动重发。

（7）故障节点的判别及自动关闭。当总线传输报文发生严重错误时，可以判断出总线上错误的类型是暂时的数据错误（如外部噪声等），还是持续的数据错误（如单元内部故障、驱动器故障、断线等）。当节点发生持续数据错误时，可自动关闭，脱离总线。

（8）总线配置灵活。不关闭总线即可任意接挂或拆除节点，增强了系统的灵活性和可扩展性；采用统一的规范和标准，系统的通用性较好，各设备之间具有较好的互操作性和互换性。

（9）通信介质选择具有多样性。可以采用双绞线、同轴电缆或光纤等传输介质，现场布线和安装简单，易于维护，经济性好。

## 7.3　CAN 总线网络参考模型

根据国际标准化组织（ISO）提出的"开放系统互连"（OSI）的参考模型，网络系统结构划分为 7 层，从上到下依次是应用层、表示层、会话层、传输层、网络层、数据链路层、物理层。CAN 规范定义了模型的最下面两层：物理层和数据链路层，如图 7-1 所示。

物理层可分为物理信号子层 PLS、物理介质连接 PMA、介质相关接口 MDI。数据链路层又划分为逻辑链路控制子层（LLC）和介质访问控制子层（MAC）。下面分别介绍物理层和数据链路层的具体功能及作用。

```
数 据 链 路 层
  逻辑电路控制子层(LLC)
    验收滤波
    过载通知
    恢复管理

  介质访问控制子层(MAC)
    数据包装/解包
    帧编码
    介质访问管理
    错误检测
    错误标定
    应答
    并行转换为串行/串行转换为并行

物 理 层
  物理信号子层PLS
    位编码/解码
    位定时
    同步

  物理介质连接PMA
    驱动器/接收器特征

  介质相关接口MDI
    连接器
```

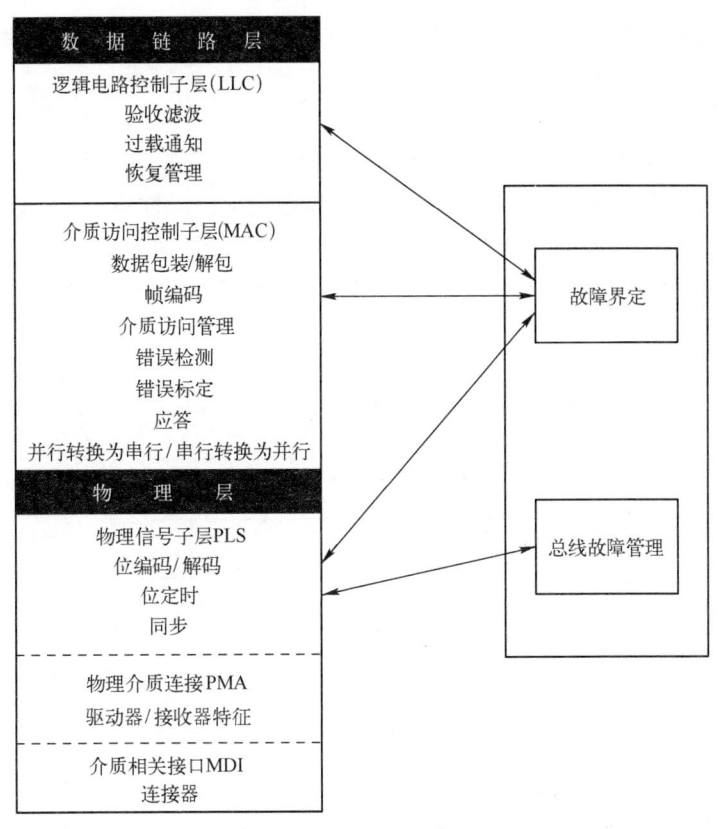

故障界定

总线故障管理

图 7-1　OSI 参考模型分层结构图

### 7.3.1　物理层

物理层的功能是为数据链路层提供物理连接，透明地传输比特流，主要是定义信号如何传输的问题，因此涉及位定时、位编码/解码、同步的描述。CAN2.0 规范没有定义物理层的驱动器/接收器特性，以便允许根据它们的应用，对发送媒体和信号电平进行优化。ISO11898 和 ISO11519-2 对物理信号子层 PLS 的定义与 CAN2.0 规范是相同的，但其对物理介质连接 PMA、介质相关接口 MDI 进行了定义，并有所不同。

物理信号子层 PLS 主要实现位编码/解码、位定时和同步等功能。CAN 位流根据"不归零" NRZ 方式来编码；物理介质连接 PMA 实现总线发送/接收的功能电路并提供总线故障检测方法；介质相关接口 MDI 实现物理介质与媒体访问单元之间的机械和电气接口。同时，物理层利用差分电压来实现 CAN 的信号传输。

**1. 差分信号**

CAN 总线的信息传输依靠的是差分信号，即通过 CAN 总线的两条线 VCAN-H、VCAN-L 之间的电压差来表示不同的逻辑。

相对于单信号线传输的方式，采用差分信号传输具有如下优点：

（1）差分线的抗干扰能力强。外界有干扰时，几乎同时会耦合到差分线的两根线上，而接收端关心的是这两个信号的差值，所以外界的共模噪声可以被完全抵消。

（2）时序定位准确。由于差分信号的开关变化位于两个信号的交点，而不像普通单端信号依靠高低两个阈值电压判断，因此受工艺、温度的影响小，能降低时序上的误差，同时也更适合于低幅度信号的电路。

**2. 逻辑电平**

总线的逻辑状态分为"显性"或"隐性"，"显性"表示逻辑"0"，"隐性"表示逻辑"1"。显性状态中，这两条线 $V_{CAN-H}$、$V_{CAN-L}$ 电压差最大；隐性状态中，CAN 总线的两条线 $V_{CAN-H}$、$V_{CAN-L}$ 都被固定在平均电压附近，其电压差近似为零。每个节点所对应的驱动电路将上述两种电平差对应成"0"和"1"。以 ISO11898 标准为例，CAN 总线的数据位电平如图 7-2 所示。

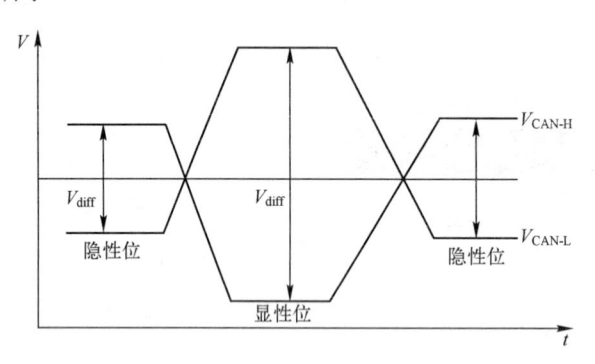

图 7-2 总线位的数据表示

$V_{CAN-H}$、$V_{CAN-L}$ 和 $V_{diff}$ 分别表示 CAN-H、CAN-L 和两者之间的电压差，CAN 协议标准表示的信号逻辑如表 7-1 所示。例如，当表示逻辑"1"时（隐性电平），CAN-H 和 CAN-L 上的电压均值为 2.5V，即两者之间的压差 $V_{CAN-H}-V_{CAN-L}$=0V；当表示逻辑"0"时（显性电平），CAN-H 的电平为 3.5V，CAN-L 的电平为 1.5V，两者之间的压差 $V_{CAN-H}-V_{CAN-L}$=2V。

表 7-1 总线位的数值表示

| 名称 | 隐 性 ||| 显 性 |||
|---|---|---|---|---|---|---|
|  | 最小 | 通常 | 最大 | 最小 | 通常 | 最大 |
| $V_{CAN-H}$ | 2.00 | 2.50 | 3.00 | 2.75 | 3.50 | 4.50 |
| $V_{CAN-L}$ | 2.00 | 2.50 | 3.00 | 0.50 | 1.50 | 2.25 |
| $V_{diff}$ | -0.5 | 0 | 0.05 | 1.5 | 2.0 | 3.0 |

**3. 最大传输距离与位速率**

CAN 总线上任意两节点之间的最大传输距离与其速率有关。不同的系统，位速率不同。在确定系统里，位速率是唯一且固定的。表 7-2 所列为 CAN 总线系统最大传输距离与位速率之间的关系。

表 7-2 CAN 总线系统最大传输距离与位速率之间的关系

| 位速率/（kb/s） | 1000 | 500 | 250 | 125 | 100 | 50 | 20 | 10 | 5 |
|---|---|---|---|---|---|---|---|---|---|
| 最大距离/m | 40 | 130 | 270 | 530 | 620 | 1300 | 3300 | 6700 | 10000 |

### 4. 驱动器的选择

ISO11898 与 ISO11519-2 的物理层规格有所不同，每种规格需要有专门的驱动器与之相配套。表 7-3 所列为 ISO11898 及 ISO11519-2 所对应的驱动器 IC。

表 7-3 ISO11898 及 ISO11519-2 所对应的驱动器 IC

| | ISO11898 | ISO11519-2 |
|---|---|---|
| 驱动器 IC | HA13721RPJE（RENESAS） | PCA82C252（NXP） |
| | PCA82C250（NXP） | TJA1053（NXP） |
| | Si9200（Siliconix） | SN65LBC032（Texas Instruments） |
| | CF15（BOSCH） | |
| | CTM1050（NXP） | |

### 5. 位定时与同步

1）基本概念

（1）标称位速率：理想发送器在没有重新同步的情况下每秒发送的位数量。

（2）标称位时间：标称位时间=1/标称位速率，即数据发出时，每个位值都要在总线上保持一定的时间。

标称位时间的结构如图 7-3 所示，由四部分组成的，即同步段（SYNC_SEG）、传播段（PROP_SEG）、相位缓冲段 1（PSEG1）和相位缓冲段 2（PSEG2）。

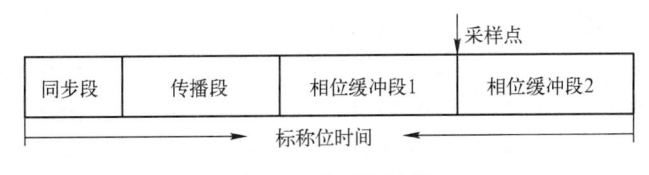

图 7-3 位时间结构

同步段（SYNC_SEG）：用于同步总线上不同的节点，是 CAN 总线位周期中每一位的起始部分。不管是发送节点发送一位还是接收节点接收一位都是从同步段开始的。此段内要有一个跳变沿。

传播段（PROP_SEG）：用于补偿网络内的物理延迟。由于发送节点和接收节点之间存在网络传输延迟以及物理接口延迟，发送节点发送一位之后，接收节点延迟一段时间才能接收到，因此，发送节点和接收节点对应同一位的同步段起始时刻就有一定的延迟，记为 $t_{PROP\_SEG}$。传播段的设置就是要补偿该段延迟（$t_{PROP\_SEG}$）的。CAN 总线协议中的非破坏性仲裁机制以及帧内应答机制都要求那些正在发送位流的发送节点能够同时接收来自其他发送节点的"显性位"（逻辑 0）；否则，会使得仲裁无效或者应答错误。传播段延迟那些可能较早采样总线位流的节点的采样点，保证由各个发送节点发送的位流到达总线上的所有节点之后才开始采样。

$t_{PROP\_SEG}$=（信号在总线上传播的时间+输入比较器延迟+输出比较器延迟）×2

相位缓冲段 1、2（PSEG1、PSEG2）：用于补偿边沿阶段的误差。可以通过重新同步来加长或缩短。

采样点（Sample Point）读取总线电平并转换为一个对应的位置的一个时间点，位于相位缓冲段 1 结尾。

（3）时间份额（$T_q$）：与振荡周期有关的固定时间长度，存在有一个可编程的预比例因子 $m$，其数值范围为 1～32，以最小时间份额为起点，时间份额的长度为

$$T_q = m \times 最小时间份额$$

（4）信息处理时间：一个以采样点作为起始点的时间段，采样点用于计算后续位的位电平（不大于 $2T_q$）。

（5）时间段的长度：同步段的长度为 1 个时间份额；传播段的长度可编程设置为 1～8 个时间份额；相位缓冲段 1 的长度可编程设置为 1～8 个时间份额；相位缓冲段 2 的长度为相位缓冲段 1 和信息处理时间两者中的最大值。因此，根据具体网络情况的不同，一个位时间总的量程值可以编程为 8～25$T_q$。

（6）同步：使系统的收发两端在时间上保持步调一致。

2）CAN 总线位定时与同步机制

CAN 是有效支持分布式实时控制的串行通信网络。从位定时的同步方式考虑，它实质上属于异步通信协议。每传输一帧，以帧起始位开始，以帧结束及随后的间歇场结束，这就要求收/发双方从帧起始位开始必须保持帧内信息代码中的每一位严格的同步。从位定时编码考虑，它采用的是非归零编码方式，位流传输不像差分码那样可以直接用电平的变化来代表同步信号，它属于自同步方式（接收端设法从收到的信号中提取同步信息的方式），CAN 节点从一个位值到另一个位值的转变中提取时钟信息。

CAN 总线的位同步只有在节点检测到隐性位（逻辑 1）到显性位（逻辑 0）的跳变时才会产生，当跳变沿不位于位周期的同步段之内时将会产生相位误差，该相位误差就是跳变沿与同步段结束位置之间的距离。相位误差源于节点的振荡器漂移、网络节点之间的传播延迟以及噪声干扰等。为保证同步质量，CAN 协议定义了自己的位同步方式，即硬同步和重同步。

（1）硬同步。硬同步只在总线空闲时通过一个下降沿（帧起始）来完成，此时不管有没有相位误差，所有节点的位时间重新开始。强迫引起硬同步的跳变沿位于重新开始的位时间的同步段之内。硬同步后，位时间由每个位定时逻辑单元以 SYNC_SEG 重新启动。因此，硬同步强迫引起硬同步的边沿处于重新启动位时间的同步段内，如图 7-4 所示。

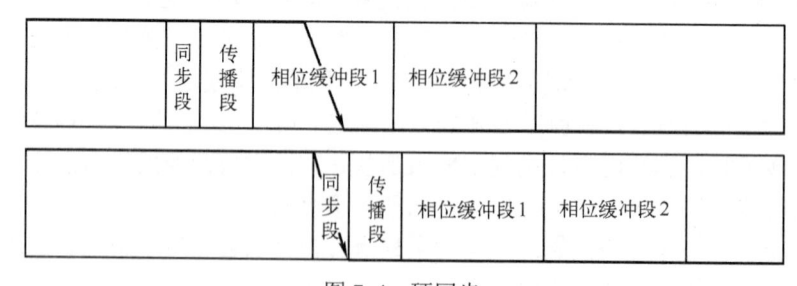

图 7-4 硬同步

（2）重同步。在报文的随后位中，每当有从隐性位到显性位的跳变，并且该跳变落在了同步段之外时，就会引起一次重同步。重同步机制可以根据跳变沿增长或者缩短位时间以调整采样点的位置，保证正确采样。

（3）重同步跳转宽度。重同步的结果使相位缓冲段 1（PSEG1）被延长或相位缓冲

段 2（PSEG2）被缩短。相位缓冲段延长或缩短的数量有一个上限，此上限由重同步跳转宽度给定。重同步跳转宽度可在 1～最小值之间（4，PSEG1）之间被编程。

时钟信息可由一个位值到另一位值的跳变得到。根据位填充的规则，总线上具有相同值的连续位的数量是确定的，具有连续相同值的位的最大数目是固定的（由于位填充），这个属性使在帧发送/接收期间总线节点重同步于位流成为可能。可用于重同步的两个跳变之间的最大长度为 29 位时间。

（4）同步边沿的相位误差。边沿的相位误差 $e$ 由相对于 SYNC-SEG 边沿的位置给定，以时间份额量度。相位误差的符号定义如下：

$e$=0，边沿位于 SYNC_SEG 内；

$e$>0，边沿位于 SYNC_SEG 之后采样点前；

$e$<0，边沿位于 SYNC_SEG 之前。

（5）重同步机制分析。

① 正相位误差重同步。如图 7-5 所示，跳变沿落在同步段之后采样点之前时，为正的相位误差，接收器会认为这是一个慢速发送器发送的滞后边沿。此时节点为了匹配发送器的时间，会增长自己的相位缓冲段 1（阴影部分）。增长的时间为相位差的绝对值，但是上限是重同步跳转宽度。

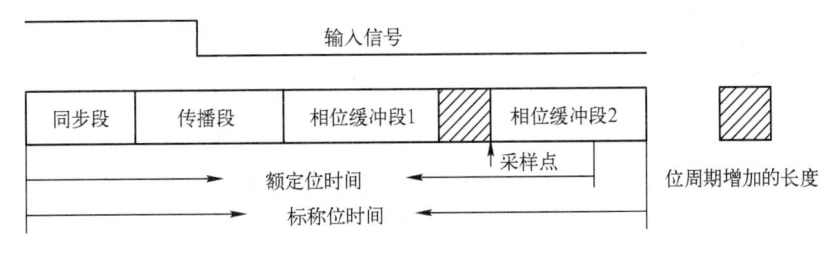

图 7-5 正相位误差时的重同步

② 负相位误差重同步。如图 7-6 所示，跳变沿落在采样点之后同步段之前时，为负的相位误差，接收器把它解释为一个快速发送器发送的下一个位周期的提前边沿。同样，节点为了匹配发送器的时间会缩短自己的相位缓冲段 2（阴影部分），下一个位时间立即开始。缩短的时间也为相位差的绝对值，上限是重同步跳转宽度。

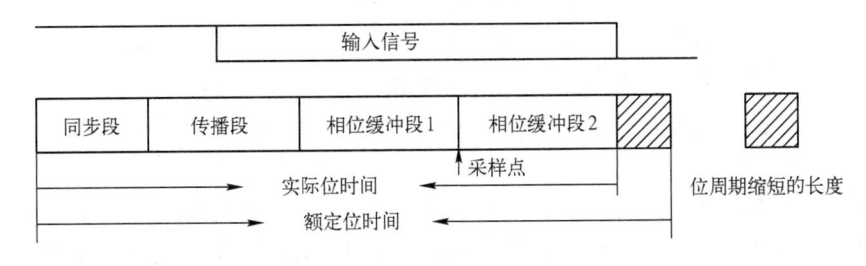

图 7-6 负相位误差时的重同步

**注意**：相位缓冲段只在当前位周期内被增长或者缩短时，对于接下来的位周期，只要没有重同步，各段就恢复为位时间的编程预设值。

当相位差的绝对值小于或者等于重同步跳转宽度时，重同步和硬同步的效果是相同的，能实现相位差的补偿。

如果相位差的绝对值相比重同步跳转宽度要大，则由于补偿的最大值是重同步跳转宽度，从而会使重同步不能完全补偿相位差。

CAN 协议的位填充机制除实现仲裁域、控制域、数据域和 CRC 序列的数据透明性外，还增加了从隐性位到显性位跳变的机会，也就是增多了重同步的数量，提高了同步质量。在没有出错影响的情况下，位填充原则保证了两次重同步跳转边沿之间不会多于 10 个位周期（5 个显性位，5 个隐性位），而实际的系统会有错误发生，使得实际的两次重同步跳转边沿之间的间隔可能为 17~23 个位时间（激活错误标志及其叠加 6~12 个位时间，错误界定符 8 个位时间，间歇场 3 个位时间）。

（6）同步遵守下列规则：

① 在一个位时间内仅允许一种同步。

② 只要先前采样点检测到的数值（先前读总线数值）不同于边沿后出现的总线数值，边沿即用于同步。

③ 总线空闲期间，当存在隐性至显性的跳变沿时即完成硬同步。

④ 所有满足规则①和②的其他隐性至显性的跳变沿（和在低位速率情况下一样，选择显性至隐性跳变沿）用于重同步；例外情况是，若只有隐性至显性沿用于重同步，则由于具有正相位误差的隐性至显性沿的结构，发送器将不完成重同步。

### 7.3.2 数据链路层

数据链路层的功能是为网络层提供透明的、可靠的数据传输服务，在物理层提供的物理链路连接和比特流传输功能的基础上，为网络层之间建立、维持和释放点对点的数据链路连接和传输提供方法。数据链路层通常分为上下两个子层，即逻辑链路控制（Logic Link Control，LLC）子层和介质访问控制（Media Access Control，MAC）子层。

逻辑链路控制子层的功能包括验收滤波、过载通知、恢复管理；为数据传送和远程数据请求提供服务，确认由 LLC 子层接收的报文实际已被接收；为恢复管理和通知超载提供信息。在定义目标处理时，存在许多灵活性。

验收滤波：帧内容由标识符命名，标识符不能指明帧的目的地，但会描述数据的含义，每个接收器通过帧验收滤波确定此帧是否被接收。

过载通知：若接收器由于内部原因要求延迟下一个数据帧/远程帧，则发送过载帧。

恢复管理：发送期间，对于丢失仲裁或被错误干扰的帧，LLC 子层具有自动重发功能，在成功发送完成之前，帧发送服务不被用户认可。如果不再出现新错误，则从检测出错误至下一报文的传送开始为止，恢复时间最多为 29 个位时间。

介质访问控制子层的功能主要是传送规则（发送和接收数据），即控制帧结构、执行仲裁、错误检测、出错标定和故障鉴定。MAC 层还要确定是否马上开始接收、是否为新的发送开放总线等。MAC 子层不存在修改的灵活性。MAC 子层有"故障界定"（Fault Confinement）的逻辑电路，此故障界定为自检机制，以便把永久故障和短时扰动区别开来。

**1. MAC 帧编码/解码**

当发送器在发送位流中（帧起始、仲裁域、控制域、数据域和 CRC 序列）检测到 5

个数值相同的连续位（包括填充位）时，它在实际发送位流中，自动插入一个补码位，如图7-7所示。

$$\begin{array}{ll} \text{未填充位流} & 100000\text{xxx} \quad 011111\text{xxxx} \\ \text{填充位流} & 1000001\text{xxx} \quad 0111110\text{xxx} \end{array}$$

其中，xxx为0或者1

图7-7 位填充

位填充对于发送单元和接收单元的工作是不同的：对于发送单元，在发送数据帧和远程帧时，SOF～CRC段间的数据，相同电平如果持续5位，则在下一个位（第6个位）要插入1位与前5位相反的电平。对于接收单元，在接收数据帧和远程帧时，SOF～CRC段间的数据，相同电平如果持续5位，需要删除下一位（第6位）再接收。如果这个第6位的电平与前5位相同，则视为错误并发送错误帧。

**2. 介质访问管理（仲裁）**

如果总线处于空闲，则任何单元都可以开始发送报文。若是两个或两个以上的单元同时开始传送报文，那么就会有总线访问冲突，可以通过使用标识符的位仲裁形式解决这个冲突。标识符是CAN报文中所包含的信息，不指明报文的目的地，而系统中其他节点可以识别该标识符含义并判断是否接收该报文。

仲裁期间，每一个发送器都对发送位的电平与被监控的总线电平进行比较。如果电平相同，则这个单元可以继续发送。如果发送的是一个"隐性"电平而监控到一个"显性"电平，那么该单元就失去了仲裁，必须退出发送状态。所以，在总线访问期间，标识符定义静态的报文优先权，即标识符值越小的优先权越高。总线空闲时，任何单元都可以开始传送报文，具有较高优先权报文的单元可以获得总线访问权，这也是CAN的特点之一，即多主机（Multimaster）通信。

由此也可以得出CAN总线的信息路由方式（Information Routing），即在CAN系统里，报文的寻址内容由其自带的标识符指定，网络上所有节点可以通过报文滤波确定是否应对该数据作出响应，所以节点不使用任何关于系统配置的信息，具有以下特点：

（1）不需要应用层以及任何节点软硬件的任何改变就可以在CAN网络中直接添加节点。

（2）由于报文滤波的作用，任何数目的节点都可以接收报文，并同时对此报文做出反应。

（3）网络里确保报文同时被所有的节点接收（或无节点接收）。系统的数据连贯性是通过多点传送和错误处理机制来实现的。

### 7.3.3 帧结构

总线上的信息以不同的固定报文格式发送。CAN通信协议约定了4种不同的报文格式：

数据帧（Data Frame）：数据帧携带数据从发送器至接收器。

远程帧（Remote Frame）：接收单元向发送单元请求发送具有相同标识符数据所用的帧。

错误帧（Error Fram）：任何单元检测到一个总线错误就发出错误帧。

过载帧（Overload Frame）：过载帧用于在先后的数据或远程帧之间提供一个附加的延迟。

另外，数据帧和远程帧可以使用标准帧及扩展帧 2 种格式，它们通过帧间隔与前面的帧分开。

**1. 数据帧**

数据帧由以下 7 个不同的位域组成：帧起始、仲裁域、控制域、数据域、CRC 域、应答域及帧结尾，结构如图 7-8（标准帧）、图 7-9（扩展帧）所示。

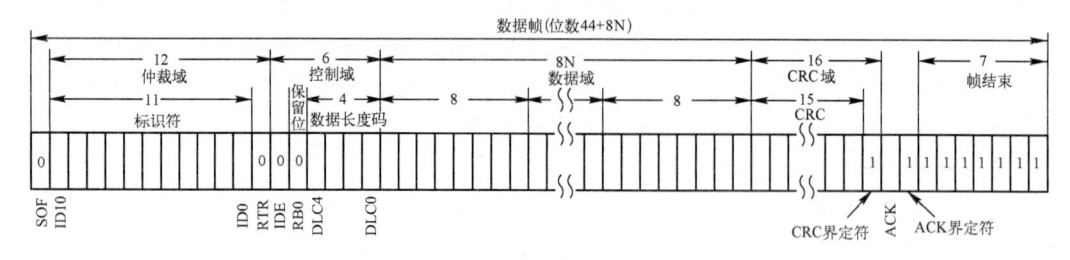

图 7-8 标准帧结构

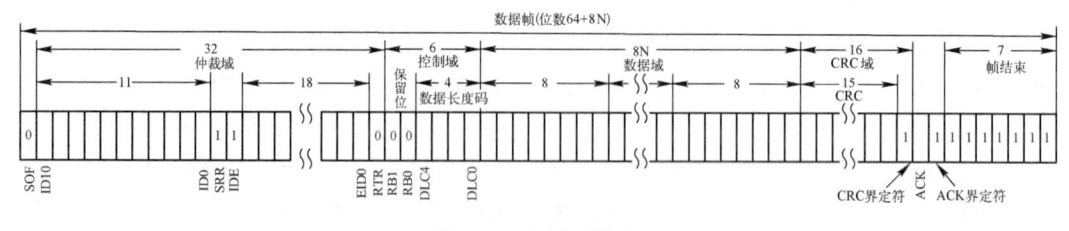

图 7-9 扩展帧结构

1）帧起始（SOF）

帧起始标志数据帧和远程帧的起始，由一个显性位组成，只有在总线空闲时才允许站点开始发送信号，所有站必须同步于开始发送报文的站的帧起始前沿（硬同步），即检测到由隐性转到显性的边沿，为所有节点的采样点选择一个共同的位置，即同步。

2）仲裁域

仲裁域表示数据帧的优先级，标准帧与扩展帧的仲裁域不同。

标准帧：由 12 个位组成，分别为 11 个识别位（ID）和一个远程发送请求（RTR）位。RTR 位用于区分报文是数据帧（RTR 位为显性状态）还是远程帧（RTR 位为隐性状态）。

扩展帧：由 29 位标识符（ID）、SRR 位、标识符扩展位（IDE）和远程发送请求位（RTR）组成，29 位标识符（ID）由 11 位的基本 ID 和 18 位的扩展 ID 组成。其中，SRR 位和 IDE 位皆为隐性。

标识符（ID）：表示数据帧的优先级。先发送标识符 ID 的高位，后发送低位。

远程发送请求位（RTR）：表示该报文为数据帧或者远程帧。当为显性时，表示为数据帧；为隐性时，表示为远程帧。

代替远程请求位（SRR）：SRR 位是一个隐性位。在扩展帧中 11 位标识符的下一位是 SRR 位，而在标准帧中 11 位标识符的下一位是 RTR 位，因此 SRR 称作代替远程请求位。当标准帧发送与扩展帧发送相互冲突，并且扩展帧的基本标识符与标准帧的标识符相同时，标准帧优先级高于扩展帧。

标识符扩展位（IDE）：表示该报文为标准格式或者扩展格式。为显性时，表示为标准格式；为隐性时，表示为扩展格式。

3）控制域

控制域表示数据帧中数据域的字节长度。由保留位和数据长度码共 6 位组成，如图 7-10 所示。标准格式和扩展格式的控制域结构相同但位置不同。

```
        控制域                              数据域或CRC域
IDE/RB1 | RB0 | DLC3 | DLC2 | DLC1 | DLC0
  保留位 |         数据长度码
```

图 7-10 控制域结构

保留位：在标准格式里由 RB0 组成；在扩展格式里由 RB1（显性）和 RB0（显性）组成。

数据长度码表示数据域中的字节数，由 4 位组成，采用二级制编码。数据长度编码如表 7-4 所列，数据字节数的范围是 0～8，不能使用其他数值。

表 7-4 数据长度编码

| 数据字节数 | 数据代码长度 ||||
|:---:|:---:|:---:|:---:|:---:|
| | DLC3 | DLC2 | DLC1 | DLC0 |
| 0 | 显性 | 显性 | 显性 | 显性 |
| 1 | 显性 | 显性 | 显性 | 隐性 |
| 2 | 显性 | 显性 | 隐性 | 显性 |
| 3 | 显性 | 显性 | 隐性 | 隐性 |
| 4 | 显性 | 隐性 | 显性 | 显性 |
| 5 | 显性 | 隐性 | 显性 | 隐性 |
| 6 | 显性 | 隐性 | 隐性 | 显性 |
| 7 | 显性 | 隐性 | 隐性 | 隐性 |
| 8 | 隐性 | 显性 | 显性 | 显性 |

4）数据域

数据域由数据帧中要发送的数据组成。它可以包括 0～8 字节（由上述数据长度码定义），每个字节 8 位，高位在前，低位在后。

5）CRC 域

数据域后为循环冗余校验码（CRC）域，用来检测报文传输错误。CRC 域包含一个 15 位的 CRC 序列，之后是 1 个隐性 CRC 定界位。

CRC 的原理：将每个比特串看作一个多项式，通常它将比特串 $b_{n-1}b_{n-2}b_{n-3}\cdots b_2b_1b_0$，解释成多项式：$b_{n-1}x^{n-1}b_{n-2}x^{n-2}b_{n-3}x^{n-3}\cdots b_2x^2b_1x^1b_0$。

例如，比特串：1001010110 被解释成：$x^{10}+x^7+x^5+x^3+x^2+x^1$，因为每个位是 0 或者是 1，这里只定出位为 1 的项，而不写成为 0 的项。

① 给定一个比特串，在其尾部追加几个 0 并把它称为 B，使 B(x) 对应于 B。

② 将 B(x) 除以一个事先约定的生成多项式 G(x)，这样能保证 B(X) 除以 G(X) 的余数为 0。此时，可以将 B(X) 作为发送序列发给接收方，接收方用收到的比特序列多项式 C(X) 去除同样的 G(X)，如果余数等于 0，则说明接收到的比特序列与发送的比特序列一致，传输未发生错误。否则，接收方认为传输发生了错误并要求重传。

**注意**：①在进行 CRC 计算时，采用二进制（模 2）运算法，即加法不进位，减法不借位，其本质就是两个操作数进行逻辑异或运算；②在进行 CRC 计算前先将发送报文所表示的多项式 A(X) 乘以 $x^n$，其中 n 为生成多项式 G(X) 的最高幂值。对二进制乘法来讲，$A(x) \cdot x^n$ 就是将 A(x) 左移 n 位，用来存放余数 R(x)，所以实际发送的报文就变为 $A(x) \cdot x^n + p(x)$；③CAN 现场总线采用的生成多项式为 $g(x) = x^{15} + x^{14} + x^{10} + x^8 + x^7 + x^4 + x^3 + 1$。

6）应答域（ACK Field）

应答（Acknowledgment），即所有的接收器检查报文的一致性。对于接收正确的报文接收器应答，对于不正确的报文接收器做出标志。应答域由应答间隙和应答定界符两个位组成。在应答间隙（ACK slot）期间，发送节点发出一个隐性位，任何接收到有效报文的节点会发回一个显性位（无论该节点是否配置为接收该报文与否），确认帧收到无误。应答定界符为 1 个隐性位。

7）帧结尾

每一个数据帧和远程帧均由一个标志序列界定，这个标志序列由 7 个隐性位组成。

**2. 远程帧**

正常情况下，数据传输是由数据源节点（如传感器发送数据帧）自主完成的，但也可能发生终节点向源节点请求发送数据的情况，即远程数据请求。要做到这一点，终节点须发送一个标识符与所需数据帧的标识符相匹配的远程帧。随后相应的数据源节点会发送一个数据帧以响应远程帧请求。远程帧也分为标准帧和扩展帧，远程帧包括帧起始、仲裁域、控制域、CRC 域、应答域和帧结束这 6 个域。远程帧的构成如图 7-11 所示。

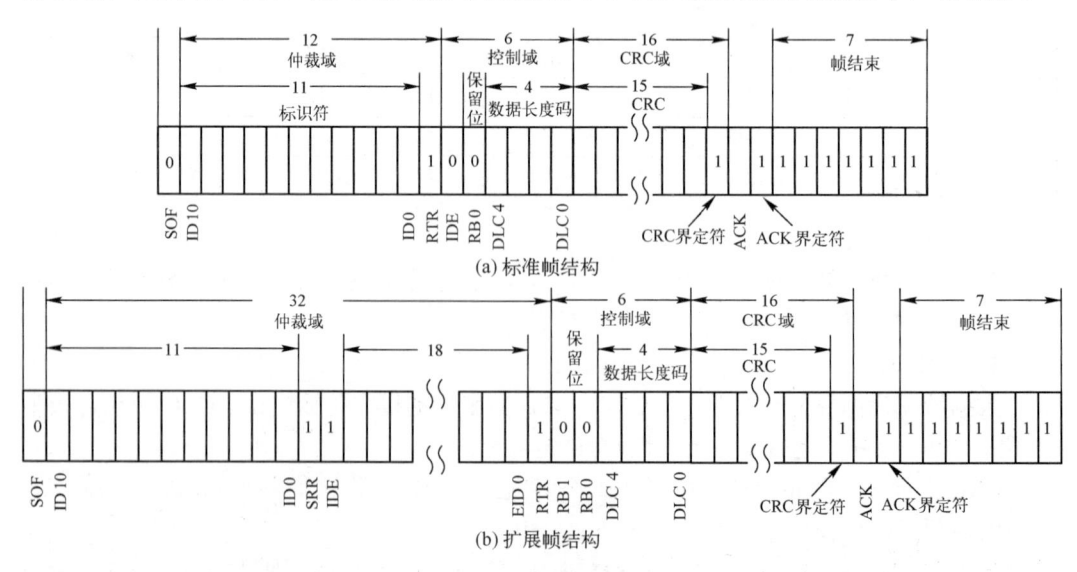

图 7-11 远程帧结构

远程帧的帧起始、仲裁域、控制域、CRC 域、应答域和帧结束与数据帧相同，不同的地方主要存在以下两个方面：①远程帧的 RTR 位为隐性状态；②远程帧没有数据字域，所以数据长度代码的数值没有任何意义，可以为 0～8 之间的任何数值。

当带有相同标识符的数据帧和远程帧同时发出时，数据帧将赢得仲裁，这是因为其紧随标识符的 RTR 位为显性，这样可使发送远程帧的节点立即收到所需数据。

**3. 错误帧**

错误帧是由检测到总线错误的任一节点产生的。如图 7-12 所示，错误帧包含两个域，即错误标志和错误定界符。

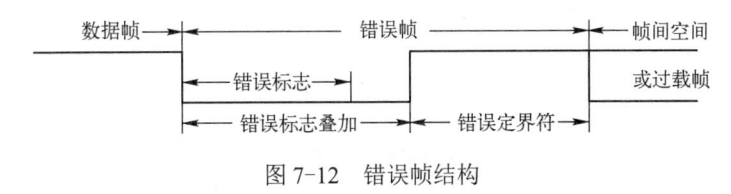

图 7-12　错误帧结构

1）错误标志

错误标志包括激活错误标志和认可错误标志两种。节点发送哪种类型的出错标志，取决于其所处的错误状态。

（1）激活错误标志：6 个连续的显性位。

当节点处于错误激活状态且检测到一个总线错误时，这个节点将产生一个激活错误标志，中断当前的报文发送。激活错误标志由 6 个连续的显性位构成。这种位顺序打破了位填充规则。所有其他节点在识别到所形成的位填充错误后自行产生错误帧，称为错误反射标志。错误标志域因此包含 6～12 个连续显性位（由 1 个或多个节点产生）。

（2）认可错误标志：6 个连续的隐性位。

当节点处于错误认可状态且检测到一个总线错误时，该节点将发送一个认可错误标志。认可错误标志包含 6 个连续的隐性位。由此可知，除非总线错误被正在发送报文的节点检测到，否则错误认可节点错误帧的发送不会影响网络中任何其他节点。如果发送节点产生一个认可错误标志，那么由于位填充规则打破，将导致其他节点产生错误帧。错误帧发送完毕后，错误认可节点必须等待总线上出现 6 个连续隐性位后，认可错误标志才完成。

2）错误定界符

由 8 个隐性位构成。传送了错误标志以后，每个节点开始发送错误定界符，先是发送一个隐性位，监视并检测到一个隐性位后，开始发送其余 7 个隐性位。错误定界符为错误帧画上了句号。在错误帧发送完毕后，总线主动恢复正常状态，被中断的节点会尝试重新发送被中止的报文。

**4. 过载帧**

1）过载帧的产生

过载帧只能在帧间间隔产生，因此可通过这种方式区分过载帧和错误帧（错误帧是在帧传输时发出的）。节点最多可产生两条连续过载帧来延迟下一条报文的发送，有 3 种情况会产生过载帧：

121

（1）接收器由于内部原因需要延迟下一个数据帧或远程帧。
（2）节点在帧空间检测到非法显性位。
（3）节点在错误界定符或过载界定符的第8位采样到一个显性位。

2）过载帧格式

过载帧与激活错误帧具有相同的格式，如图7-13所示。

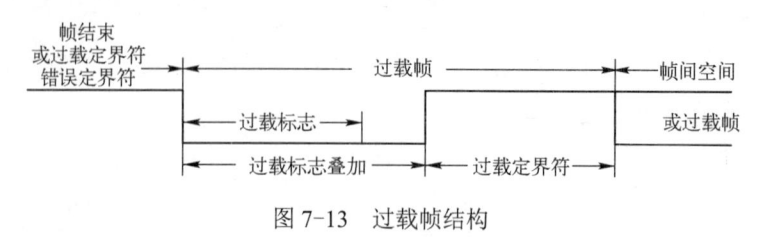

图7-13 过载帧结构

过载帧由两个域组成，即过载标志和过载定界符。过载标志由6个显性位构成。因过载标志违反了"间歇"域的固定格式，其他节点检测到过载条件并发送过载标志，因此过载标志产生重叠（而错误帧包含最多12个显性位）。过载定界符包含8个隐性位。发送过载标志后，每个节点发送1个隐性位，然后均监控总线，直至检测到1个隐性位，此时，总线上每个节点完成了各自过载标志的发送，并开始同时发送其余7个隐性位。

**5. 帧间间隔**

帧间间隔将前一条帧（数据帧、远程帧、出错帧和超载帧）与其后的数据帧或远程帧分离开来。帧间间隔使节点在发送下一条报文之前有时间进行内部处理。需要注意的是，过载帧和错误帧前不能插入帧间间隔，多个过载帧之间也没有帧间间隔。

帧间间隔包括间歇域和总线空闲域。如果"错误认可状态"的节点已作为前一报文的发送器时，则其帧间间隔除了间歇和总线空闲外，还包括延迟传送域。非错误认可节点或者作为前一报文接收器的节点的帧间间隔如图7-14（a）所示，作为前一报文发送器的错误认可节点的帧间间隔如图7-14（b）所示。

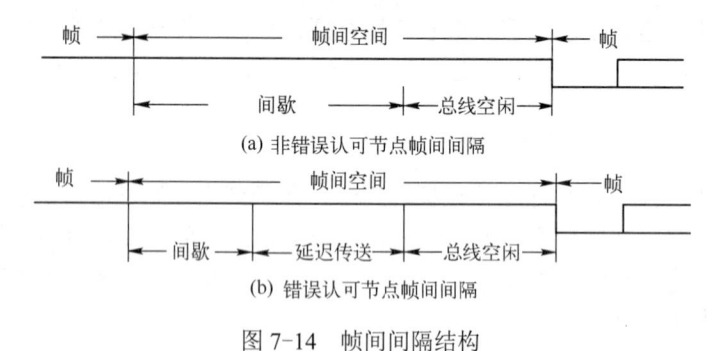

图7-14 帧间间隔结构

间歇域由3个隐性位组成。间歇期间，不允许传送数据帧或者远程帧，其唯一的作用是标示一个过载条件。

总线空闲时，为隐性电平，可为任意长度。总线被认为是空闲时，任何等待发送报文的节点都可以访问总线。

延迟传送由 8 个隐性位组成。错误认可的节点发送报文后，在下一个报文开始传送之前或者确认总线空闲之前发出 8 个隐性位跟随在间歇之后。期间，若有发送启动（由其他节点引起），则该节点将变为接收器。

### 7.3.4 错误检测及处理

**1. 错误类型**

CAN 协议提供了完备的错误检测机制，可以检测到以下错误：

（1）CRC 错误。当接收器计算的 CRC 值不符合发送器发送的 CRC 值时，总线检测为 CRC 错误。

（2）形式错误。当固定形式的字段中出现一个或多个非法位时，总线检测出一个形式错误。

（3）应答错误。在应答间隙，当发送器未检测出显性位时，总线检测出一个应答错误。

（4）位错误。节点的发送器向总线送出位的同时也在监视总线，当监视到总线位数值与发送位数值不同时，则在该位时刻检测到一个位错误。例外情况是，在仲裁段的填充位期间或应答间隙送出隐性位而检测到显性位，不视为位错误。送出认可错误标注的发送器在检测到显性位时，也不视为位错误。

（5）位填充错误。当节点检测到 6 个相同电平值的连续位时，总线检测到填充错误。

**2. 错误帧的输出**

检测出满足错误条件的单元则输出错误标志以通报错误。处于激活错误状态的单元输出的错误标志为激活错误标志；处于认可错误状态的单元输出的错误标志为认可错误标志。发送单元发送完错误帧后，再次发送数据帧或远程帧。

**3. 错误界定及规则**

CAN 具有错误分析功能。每个总线节点能够在 3 个错误状态之一工作：错误激活、错误认可、总线关闭。在故障界定时，每一个总线节点有两个计数器：发送错误计数器（Transmit Error Counter，TEC）和接收错误计数器（Receive Error Counter，REC），来判定节点的出错级别。通过监测这些计数器的值，总线上各节点能够区分是短期的干扰还是永久性的故障，从而决定这些节点是否工作到降级模式。对于不同的错误情况，故障监控器采取的策略不同。

（1）错误激活节点的 TEC 和 REC 均小于或等于 127，可以正常地参与总线通信，并在检测到错误时发出"激活错误"标志。

（2）错误认可节点的 TEC 或 REC 超过 127，但小于或等于 255。"错误认可"的节点参与总线通信，在检测到错误时只发出"认可错误"标志。而且发送以后，错误认可节点在启动下一个发送之前处于等待状态。

（3）总线关闭节点的 TEC 大于 255，且不对总线产生任何影响。

总线关闭后，节点可以返回到错误激活状态，TEC 和 REC 都变为 0，称为重新连接过程。ISO 11898-1 规定了重新连接过程所需的两个必要条件：

应用层发起了控制器的正常模式请求（在总线关闭状态，控制器自动置位复位请求，使节点进入复位状态。此时应等待应用层发起正常模式请求后，节点重新参与通信）。

节点监视到 11 个连续隐性位 128 次，表明总线已经可靠地恢复健康状态。

3 个错误状态之间的转换关系如图 7-15 所示。

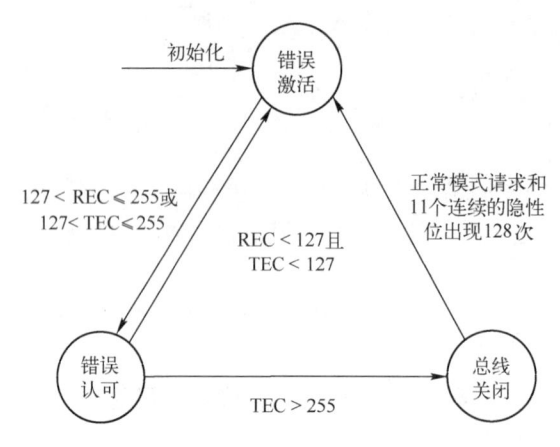

图 7-15　错误状态之间的转换关系

## 7.4　CANareospace

### 7.4.1　CANareospace 特点

CANaerospace 是由德国 Stock 航空系统公司于 1997 年制定的一种基于 CAN 总线的新型航空机载设备通信协议。该协议专门应用于航空航天领域，并且得到了欧洲一些著名的飞行器制造公司的支持，从 1998 年开始成功地应用于一些飞行器中，并在苛刻的应用环境下表现出优异的可靠性。2001 年，CANaerospace 被美国航空航天局（NASA）标准化为"先进通用航空运输实验数据总线"（AGATE Databus）。CANaerospace 是一种轻量级的协议，对于它的执行只需用少量的资源，它将 CAN 变为一种满足机载电子系统特殊需求的易于操作的数据总线。

CANaerospace 是基于标准的 CAN 协议之上的应用层协议，其节点与 CAN 节点在物理层以及数据链路层互相兼容，能够在各种总线速率下与 CAN2.0A（11 位标识符）和 CAN2.0B（11 位和 29 位标识符）一起使用。CANaerospace 的主要技术特点如下：

（1）在 CAN 总线的基础上，引入时间触发调度机制，避免多个消息同时对总线的竞争，保证消息传输时延的确定性。

（2）CANaerospace 扩展了节点服务协议，支持数据下载、时序同步、连接向导和无连接服务的特殊站寻址等。

（3）普通操作数据预先实行标识符分配（与 ARINC429 标准相似），可以有效地支持节点之间的兼容性。

（4）考虑到航空航天领域对于安全性的要求，增加了对系统冗余的设计，进一步提高了系统的安全性。

（5）CANaerospace 的最大带宽利用率在理想情况下可以达到 80% 以上，显著优于传统的 CAN 协议 20%～30%的带宽利用率。

### 7.4.2 协议介绍

**1. 帧格式**

CAN 现场总线自身存在的不可预测性、信道出错堵塞等问题影响其在航天航空领域的应用，因为航天航空领域要求总线要有比较高的可靠性和实时性。CANaerospace 基于标准的 CAN 协议之上，通过制定较高层的应用层协议，来满足可靠性和实时性的要求。CANaerospace 协议既支持 CAN2.0B 协议，又兼容 CAN2.0A 协议，这也就意味着 CANaerospace 协议的帧格式既可以采用 CAN2.0B 标准中 29 位标识符的扩展帧格式，又可以采用 CAN 2.0A 标准中的 11 位标识符的帧格式。

为了进一步提高系统的安全性，实现总线的冗余设计，CANaerospace 协议一般采用长度为 29 位的标识符的扩展帧格式。CANaerospace 协议一般采用 8 字节的数据域的短帧结构，传输时间相对固定，保证报文传输效率。CANaerospace 协议的常用报文格式如图 7-16 所示。

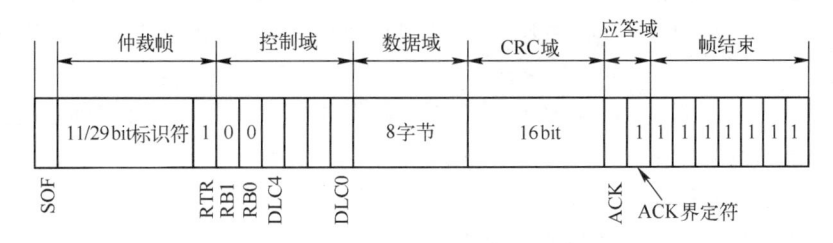

图 7-16 CANaerospace 报文格式

**2. 应用层**

1）报文类型与数据结构

CANaerospace 协议定义了 7 种基本报文类型，每种类型都具有特定的功能作用和使用规范。同时对每种报文类型分配了一定的 CAN 标识符范围，用来定义它们的优先级，如表 7-5 所列。在特定范围内的标识符分配可由用户自行制定，但是 CANaerospace 协议也为航空运输工具中通用的数据对象和设备定义了建议性的标识符分配标准，并鼓励用户尽量使用来发挥其互操作性优势。

表 7-5 CANaerospace 报文类型

| 报文类型 | CAN-ID 范围 |
| --- | --- |
| 突发事件数据（EED） | 0～127 |
| 高优先级的节点服务数据（NSH） | 128～199 |
| 高优先级的用户定义数据（UDH） | 200～299 |
| 正常运行数据（NOD） | 300～1799 |
| 低优先级的用户定义数据（UDL） | 1800～1899 |
| 调试服务数据（DSD） | 1900～1999 |
| 低优先级的节点服务数据（NSL） | 2000～2031 |

和基本的 CAN 协议一帧传送 8 字节的数据不同，所有的 CANaerospace 报文数据域

包括4字节的用于辨识的报文标题和1～4字节的实际运行数据。报文标题的4字节分别表示节点编号、数据类型、报文编号和服务代码。CANaerospace 报文数据域格式如图 7-17 所示。

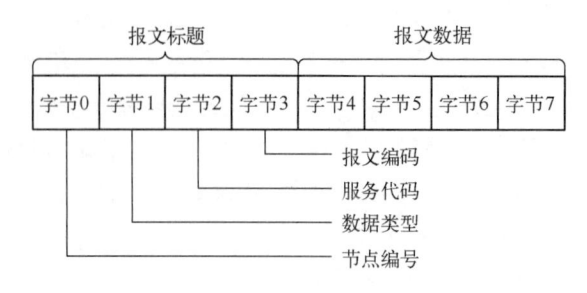

图 7-17　CANaerospace 数据域格式

节点编号主要用于标识总线数据传输中的不同节点，表示范围为 1～255，编号 0 表示所有节点。

数据类型标明总线报文的数据特征，CANaerospace 规定每条报文都支持多种数据类型（Float、Long、Short、Char 等），用户也可在特定标识符范围内自行定义需要的数据类型。

服务代码即节点服务协议代码。对于正常操作数据，它用来表征此刻总线数据的状态，使得在任何时间，都对节点单元接收数据的有效性已知。

报文编码按照总线上报文传输的数量增加，超过 255 后又归 0，并再次进行累加。此编码用于监测报文信息传输进程和正确顺序，以验证总线节点是否正常工作。

表 7-5 中的各报文类型解释如下：

突发事件数据（Emergence Event Data）：突发事件数据由发生错误情况时受到影响的单元随时异步发送，报文标题中的节点编号表示发出报文的节点号。其报文数据包括发生错误的单元内的错误定位、错误操作和错误码。

正常运行数据（Normal Operation Data）：正常运行数据是在正常操作中周期性地或异步地传输的。报文标题中的节点编号表示发出报文的节点号。数据类型和相应的报文数据长度可以根据需要定义。为了支持航空应用中的互操作性，CANaerospace 给最常用的数据分配了固定的标识符。正常运行数据可以使用的标识符中的 300～1499 范围被分组，不同的组用于不同的飞行器控制系统，如飞行状态和大气数据、飞行控制数据、导航数据等。1500～1799 范围的标识符没有分配，可以由用户决定来用于其他航空应用数据。默认标识符分配以外的其他标识符分配可以在将来的 CANaerospace 版本中再添加。

节点服务数据（Node Service Data）：节点服务数据用于节点服务协议中，其报文格式和正常运行数据相似，可以周期性地或异步地传输。节点服务数据只发送给特定的接收者，接收者由报文标题中的节点编号决定。节点服务数据有高优先级和低优先级之分，分别使用不同的 CAN 标识符范围。高优先级模式有 36 个节点服务通信通道，而低优先级模式只提供 16 个通信通道。节点服务请求与正常操作中的数据传输同时进行，它可以通过一种握手机制建立面向连接的通信，实现这种协议是为了给两个节点间的特殊操作提供命令/响应类型的连接,例如进行数据下载或代理/服务器操作。协议也允许没有响应的节点服务请求操作,这种类型的请求可能发送给一个特定的节点或全部节点(广播)。

调试服务数据(Debug Service Data):由于不同的源/目的通信协议有不同的要求,调试服务数据报文格式完全是由用户定义的。除了必须使用特定的标识符范围以外,没有别的限制。为了得到最大限度的灵活性,报文的结构和数据类型也不必要遵循任何CANaerospace的定义。然而,鼓励用户尽量使用建议的标准。

用户定义的数据报文(User-Defined Data):该格式是为特定的目的而定义的。除了必须使用特定的标识符范围,没有别的限制。为了得到最大限度的灵活性,报文的结构和数据类型也不必要遵循任何CANaerospace的定义。然而,鼓励用户尽量使用建议的标准。用户定义数据报文有高优先级和低优先级之分,分别使用不同的CAN标识符范围。

2)定时触发总线调度

CANaerospace引入时间触发调度机制,时间触发机制是指任何事件都由一个全局同步时基决定,发送、接收数据以及其他任何操作都取决于预设好的时间调度表。周期产生的时钟信号是系统中唯一的控制信号,它将连续的时间分割成相同宽度的时间槽。而且系统的所有时钟都要被同步处理,每个被控制的对象都被同步的时钟打上时间戳。在分布式时间触发系统中,全局时钟的间隔尺度要保证任何两次观察在时间上的顺序可以通过它们所带的时间戳还原。

在分布式系统中,时间触发结构的性能首先取决于有效的通信带宽和处理器计算能力。由于考虑到时钟同步产生的物理影响和总线监视器执行过程中的限制,两个数据帧之间至少要有 $5\mu s$ 的间隔,以保证总线监视器的正确运行。如果希望带宽利用率达到80%,那么每次消息的传输时间应大约为 $20\mu s$,这意味着系统中每秒可以传送40000条消息。照此计算,以 $250\mu s$ 为一个取样周期就可以满足10个节点组成的系统。如果帧间间隔和带宽的极限能够获得突破,系统的时分多址(TDMA)取样周期最短可以达到 $100\mu s$(相当于10kHz的循环控制频率)。但对于节点分散布置的系统,取样周期很难更小(考虑到防止由于空间上过于接近产生的错误)。在 $20\mu s$ 的时间窗口内,所能传输的数据量取决于带宽:在5Mb/s的系统内大约为12字节,而在1Gb/s的系统中可以达到2400字节。

CANaerospace协议基于时间触发方式进行,在正常工作状态下,各类报文信息会按照协议预先分配的周期时间进行传输,同时也在特定情况下接收中断,传输非周期信息。时间触发调度机制将消息传输设定在预先安排好的时间槽内,这样就避免了多个消息同时对总线的竞争,保证了消息传输时延的确定性。

以CANaerospace基准系统为例,如表7-6所列,设定系统最大信息传输频率为80Hz,即传输周期为12.5s,这里将12.5s的传输时间称为最小传输间隔。在实际控制系统应用中,并不是所有设备报文信息都需要以如此短的周期传输,可以根据设备信息的具体情况,对最小传输间隔进行不同组合,以满足各类报文信息的传输需求,使总线上能传输更多参数信息。

表 7-6 基准系统报文定时发送频率

| 传输间隔/ms | 组合时间片数目 | 可传输报文数目 | 传输报文标记 |
|---|---|---|---|
| 12.5（80Hz） | 1 | 100 | A0～A99 |
| 25（40Hz） | 2 | 200 | B0[0]～B99[1] |
| 50（20Hz） | 4 | 400 | C0[0]～C99[3] |
| 100（10Hz） | 8 | 800 | D0[0]～D99[7] |
| 200（5Hz） | 16 | 1600 | E0[0]～E99[15] |
| 400（2.5Hz） | 32 | 3200 | F0[0]～F99[31] |
| 1000（1.0Hz） | 80 | 8000 | G0[0]～G99[79] |

3）系统冗余支持

CANaerospace 系统多采用双冗余总线设计，如图 7-18 所示，两个同类型的冗余设备通过相同数目的通信通道进行通信。如果设计适当，这个系统可以防止单条总线失效而引起的整个系统功能的瘫痪。

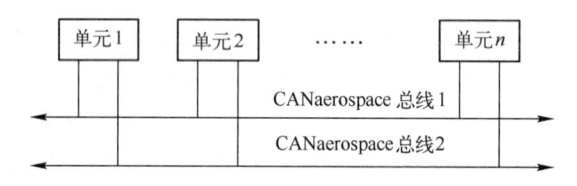

图 7-18 CANaerospace 冗余系统结构图

每条 CANaerospace 数据总线参数都分配了独一无二的标识码，这就意味着只允许一个单元在这条总线上传输一个独特参数。在使用 29 位标识码数据帧的情况下，可以采用一种"冗余层偏量"的方法（将一个标识码加上一个偏移量而得到冗余消息的标识码），将相同的总线参数由多个单元通过不同的标识码发送出去，从而得到冗余效果。

## 7.5 ARINC825 总线

### 7.5.1 ARINC825 总线特点

ARINC 825 标准是由 AEEC 组织发布的基于 CAN 总线的新型航空机载设备通信协议。该规范是在 ISO11898-1、ISO11898-2 和 CAN2.0 等 CAN 总线标准的基础上，面向航空应用补充高层协议、限定相关内容而形成的规范。自 2007 年发布 ARINC825 协议的第一版以来，经历了 3 次增补和完善，最新版是 2015 年发布的第三次修订版 ARINC825-3。

在 CAN 总线的基础上，ARINC825 标准提出了带宽管理的要求，采用基于时间片的总线调度，引入了主时间片和次时间片的概念，平衡系统各类消息对于总线的占用，使得每个消息的延迟都不超过容忍的范围。ARINC825 总线的主要技术特点如下：

（1）物理层传输媒介选定屏蔽双绞铜线，并推荐了物理层连接器的选型与信号分布、安装、接地等要求。

（2）在 CAN 总线的基础上通过增加基于时间片的总线调度，使得消息传输具有确定性。

（3）采用 29 位标识符的扩展帧，并通过逻辑通道的划分来支持异常事件消息、正常通信消息、服务消息、测试维护消息等的优先级传输，既保证了异常事件消息和正常通信消息的确定性通信，又支持其他类型消息的传输。

（4）针对航空应用，分解规定了功能编码标识符。

（5）增加了健康监控的机制，通过周期性收集各节点的工作状态实现对总线的健康监控，以满足系统的容错等要求。

（6）支持余度的总线架构，最多可设计 4 余度的 CAN 总线，提高总线的可用性和完整性。

（7）通过增加消息序号和消息完整性检查来提高总线的完整性，降低单粒子翻转等原因导致的未检测出的数据错误概率。

### 7.5.2 协议介绍

CAN 是半双工、基于广播通信的多节点总线，ISO11898 标准定义了 CAN 总线的物理层和数据链路层。在此基础上，ARINC825 规范定义了高层协议部分。ARINC825 规范的分层结构如表 7-7 所列，添加的主要功能包括：支持逻辑通道、一点对多点（多播）和点对点通信、节点编址等，从而使其成为多通信层次结构、能支持多播和点对点通信的网络。

表 7-7 ARINC825 规范的分层结构

| 规范 | OSI 参考模型 ||
|---|---|---|
| ARINC825 | 应用层 | 路由、数据流控制、逻辑通道、数据传输控制、数据表示等 |
| ISO11898 标准 | 数据链路层 | 逻辑链路层 |
| | | 媒介接入控制 |
| | 物理层 | 物理信号 |
| | | 物理媒介连接 |
| | | 媒介匹配接口 |

**1. 帧格式**

ARINC 825 标准定义的数据链路层应完全符合 29 位扩展标识符的 CAN2.0B 标准，并遵守 ISO11898-1 规定，不建议在同一网络中混合使用两类标识符。

与 CAN2.0 标准一样，ARINC825 总线采用数据帧、远程帧、错误帧和过载帧 4 种不同的类型来传送消息。其中数据帧和远程帧可以使用标准帧和扩展帧两种格式，推荐使用扩展帧格式。

ARINC825 标准中强烈建议不使用远程帧，因为不同控制器可能存在不兼容的问题。帧格式各个域的详细解释参考 CAN2.0 规范。

**2. 应用层**

1）标识符结构

ARINC 825 标准只采用 CAN 2.0B 标准中 29 位标识符的扩展帧格式，并将标识符划分成几个子字段。在子字段的基础上定义了逻辑通信通道（LCC），支持应用层的点对点通信和一对多通信。并在 LCC 的基础上，通过标识符来支持消息的源标识、路由和完整性检查。

逻辑通信通道用于创建独立的网络协议层，支持互相独立的不同功能。CAN 报文的 29 位标识符占用 4 字节中 0~28bit，使用标识符字段的高三位（26~28 位）对 LCC 进行编码。系统设计者可以根据消息的通信要求，灵活地选择这些逻辑通信通道。

LCC 的值对报文优先级具有决定性作用。根据通道对于整个系统的重要程度来分配，如表 7-8 所列。

表 7-8 逻辑通信通道分配

| 通道号 | 描述 | 通道名 | LCC 位 | 通信模式 | 优先级 |
|---|---|---|---|---|---|
| 0 | 异常事件通道 | EEC | 000 | 一对多 | 最高 |
| 1 | 保留 | 保留 | 001 | | |
| 2 | 正常操作通道 | NOC | 010 | 一对多 | |
| 3 | 直接消息通道 | DMC | 011 | 直接消息 | |
| 4 | 节点服务通道 | NSC | 100 | 点对点 | |
| 5 | 用户定义通道 | UDC | 101 | 一对多 | |
| 6 | 测试和维护通道 | TMC | 110 | 点对点 | |
| 7 | CAN 基本帧兼容通道 | FMC | 111 | 一对多/点对点 | 最低 |

（1）逻辑通信通道的用法。

① 异常事件通道（EEC）：只能用在快速的和高优先级的传输中，本通道报文传送优先于其他报文传送。这些事件通常需要立即采取行动（如系统降级、功能转移到其他装置或者更高级的系统传送事件）。本通道只能用在一对多的通信中。

② 正常运行通道（NOC）：应用于飞行操作期间周期或者非周期的数据传输，本通道数据传送基于一对多通信。没有分配到其他通道传送的数据都应通过 NOC 进行传送。

③ 直接消息通道（DMC）：仅适用于直接消息协议，通过使用节点地址和端口定义用于与目标的消息通信和对话。可以是周期的或者非周期的。

④ 节点服务通道（NSC）：为客户/服务器类型的服务提供点对点通信。这些服务可以是无连接通信，也可以是面向连接通信。

⑤ 用户定义通道（UDC）：用户自定义的通信，适用于那些不适合其他通道传送的 CAN 扩展帧。该通道根据需要只用于一对多的通信中。规范强烈建议使用其他已经定义的通道（EEC、NOC、NSC 和 TMC）。

⑥ 测试和维护通道（TMC）：用于支持测试和维护功能。这种通信是点对点的客户/服务器类型的相互通信，可以是无连接的或者连接的。

⑦ CAN 基本帧兼容通道（FMC）：适用于基于 CAN 标准帧的 CAN 应用层，规范不允许使用该通道。

⑧ 标记为"保留"的通道用作补充，不能用于其他目的。

一对多的通信用于 EEC 和 NOC 通道，也可以用于 UDC 和 FMC 通道。一对多通信的标识符结构如图 7-19 所示。

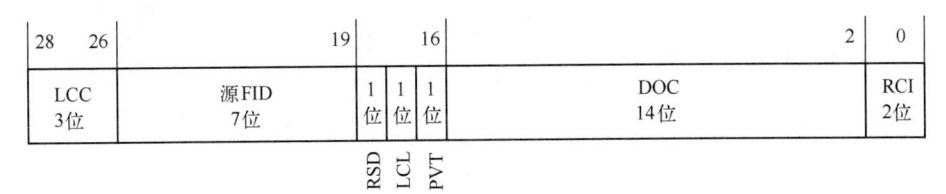

| 28 26 | 19 | 16 | | | | 2 | 0 |
|---|---|---|---|---|---|---|---|
| LCC<br>3位 | 源FID<br>7位 | 1位 RSD | 1位 LCL | 1位 PVT | DOC<br>14位 | | RCI<br>2位 |

图 7-19　一对多通信的标识符结构

（2）图 7-19 标识符各字段的功能。

① 源功能编码标识（源 FID）指明消息来源的系统或者子系统，源 FID 号由整个系统统一分配。

② 保留位（RSD）在所有的一对多的通信消息中应置为 0，而在点对点的通信消息中，RSD 设置成服务消息类型（SMT）位。

③ 本地位（LCL）置"1"时表示报文仅在发送节点所在的网络内传输，网关不会将这些报文传输到其他网络上。

④ 私有位（PVT）用于识别专用用途的报文，本规范中没有定义专用用途的报文，默认将该位置"0"。

⑤ 数据对象编码（DOC）允许每个功能节点指定 214 个不同的数据对象。

⑥ 冗余通道标识符（RCI）允许用户识别冗余的报文，最多支持 4 余度通道。

直接消息用于 DMC，标识符结构如图 7-20 所示。为了使用直接消息协议，每个节点应当分配唯一的 7 位地址（其中 0 地址保留），最多可以标识 127 个节点。

| 28 26 | 19 | 12 | 6 | 0 |
|---|---|---|---|---|
| LCC<br>3位 | 源地址<br>7位 | 目的地址<br>7位 | 源端口ID<br>6位 | 目的端口ID<br>6位 |

图 7-20　直接消息的标识符结构

（3）图 7-20 标识符各字段的功能描述。

① 源地址标识消息源节点的地址。

② 目的地址标识消息目的节点的地址。

③ 源端口 ID 标识消息的源端口。

④ 目的端口 ID 标识消息的目的端口。

从上面的描述中可以看出，直接消息协议类似于 UDP/IP 协议，通过地址和端口号进行通信。

点对点通信用于 NSC 和 TMC，允许客户端的节点向一个唯一标识的服务器发起一个点对点的对话。将一对多通信中的 DOC 字段又划分为子字段，通过指定它们的节点 ID（NID）来识别节点地址，节点 ID 由服务器功能 ID（server FID）、服务 ID（SID）和 RCI 组成，如图 7-21 所示。

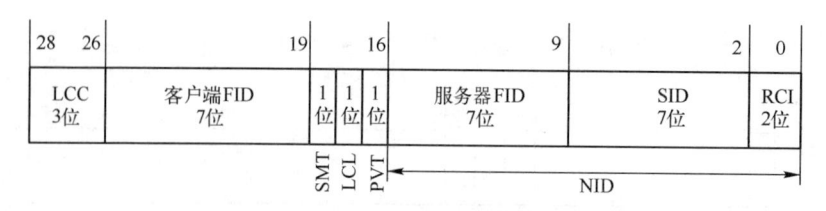

| 28 26 | | 19 | | | | 16 | | 9 | | 2 0 |
|---|---|---|---|---|---|---|---|---|---|---|
| LCC 3位 | 客户端FID 7位 | | 1位 | 1位 | 1位 | | 服务器FID 7位 | SID 7位 | | RCI 2位 |
| | | | SMT | LCL | PVT | | | | | |
| | | | | | | | NID | | | |

图 7-21　点对点通信的标识符结构

（4）图 7-21 标识符各字段的功能。

① 单个节点使用它们自身的 FID 和 SID 进行寻址，最多支持 127（其中编码 0 表示多播）个功能或系统，最多支持 127 个或者 511（其中编码 0 表示多播）个独立的 CAN 节点或服务器（取决于 RCI 如何使用）。

② 通过设置 SID 值为 0 的多址通信办法实现一个功能中的多个节点的同时寻址。同样，通过同时设置 FID 值为 0 以及 SID 值为 0 的多址通信办法实现所有功能中的所有节点的同时寻址。

③ LCL 位、PVT 和 RCI 字段的用法与一对多通信的标识符结构一样。

④ 服务消息类型位（SMT）指明了客户端和服务器之间数据流的方向，SMT 位在节点服务请求消息中设置，在节点服务响应消息中清除。

2）周期节点健康状态

在 CAN 总线中所有节点都参与错误检测，但是要定位网络接口的问题还是比较困难的。并且，当某个 CAN 节点消息发送周期很长或者只有事件驱动的报文时，该节点的一些故障可能无法检测到。因此，ARINC825 标准定义节点周期健康状态报文（PHSM），要求每个 CAN 节点通过周期健康状态报文来传送节点内部的健康状态信息。健康状态报文作为每个节点的一类特征报文，周期性地发送可以表明该节点是存在的，有利于该节点的故障检测，为系统级的故障分析提供依据。CAN 总线通信系统中的管理者通过搜集所有节点的健康状态消息来识别和定位故障。

周期性健康状态报文的 LCC 字段应设定为 TMC，是一种无连接的点对点消息。且将标识符中的客户端 FID 定义为 PHSM FID，值为 125。周期性健康状态报文中的 SMT 位始终设置为"1"，以表示一个节点的服务请求。这个请求是不需要有节点服务给予响应的。

为正确识别失效的 CAN 设备，并为使用者或其他节点提供有效的诊断信息，CAN 健康状态消息负载的定义如图 7-22 所示。

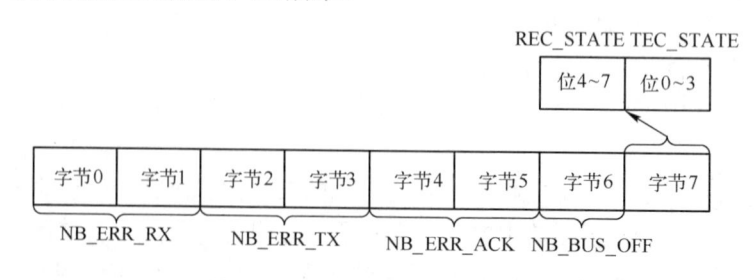

图 7-22　健康状态消息负载定义

图中，各个部分的含义如下。

① TEC_STATE/REC_STATE：发送/接收错误计数器的状态。

控制器初始化/禁止为 0b0000。总线关闭为 0b0001。TEC/REC 值范围[0,95]时为 0b0010。TEC/REC 值范围[96,127]时为 0b0100。TEC/REC 值不小于 128 时为 0b1000。

② NB_BUS_OFF：加电后控制器进入总线关闭状态的次数，无符号短整型。

③ NB_ERR_ACK：加电后控制器检测到错误应答的次数，无符号短整型。

④ NB_ERR_TX：加电后检测到的发送错误总次数，无符号短整型。

⑤ NB_ERR_RX：加电后检测到的接收错误总次数，无符号短整型。

TEC 和 REC 与 CAN 控制器内部寄存器的值一致。NB_BUS_OFF、NB_ERR_ACK、NB_ERR_TX 和 NB_ERR_RX 内容是由应用层控制处理的。不是所有 CAN 控制器的 TEC 和 REC 参数都是可用的。在不用的情况下，推荐使用 0xFF 代替。

3）通信调度机制

CAN 通信采用多主随机竞争的仲裁机制，在网络系统复杂化、总线负载高的情况下，高频率发送高优先级消息的节点将消耗过多的带宽，造成频繁地阻止其他节点的数据传输并产生延迟抖动。难以满足机载通信对于数据传输的实时性要求。因此，ARINC 825 提出了带宽管理的要求，明确总线负载应在限定范围内，并且尽量均匀地分布在整个时间段内，以及考虑一些潜在的负载增长。通过控制每个节点在网络中的发送频率来实现负载控制，并在宏观上限定了总线的负载峰值，从而平衡系统各类消息对于总线的占用，使得每个消息的延迟都不超过要求的范围。

ARINC825 采用基于时间片的总线调度，引入了主时间片和次时间片的概念。主时间片定义为保证系统中所有的周期性消息至少传输一次的时间段，次时间片定义为系统中传输频率最高的帧的周期。总线调度机制要求所有节点共同拥有相同的主-次时间片周期，并且次时间片是主时间片的分数（如 1/2，1/4，1/8，…）。

由于采用了总线调度进行带宽管理，总线上的多个节点在实际通信过程中，在同一个次时间片内的各个 CAN 消息采用多主竞争发送，而不同的次时间片之间的消息在时间上是分开的。所以，只要限制系统中各个节点每个次时间片中要发送的 CAN 消息数目的总和，就可以保证系统中各个节点分配到该次时间片中的消息一定能成功发送。需要注意的是，在这种调度机制下，系统中的各个节点必须使用相同的次时间片，但不必在同一时刻开始它们的次时间片。一个节点发送消息时总线通信调度的示意图如图 7-23 所示。

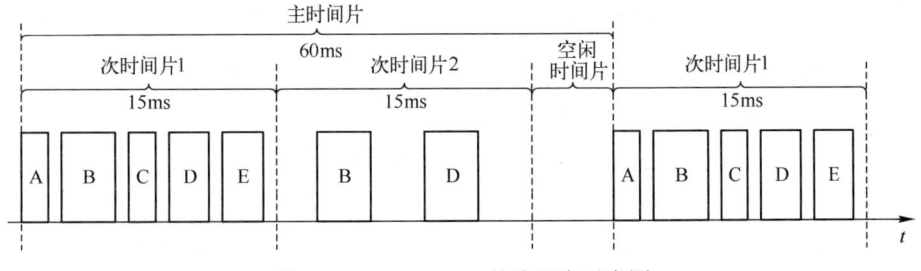

图 7-23 ARINC825 总线调度示意图

采用上面的通信调度机制，只要合理配置总线上各节点占用的带宽和传输时序，使得各个次时间片的总线占用率尽量均衡，通过限定平均负载率就可以确保总线通信的实时性。

ARINC825 要求通信中总线负载控制在 50%以内。对于传输延迟和抖动要求非常小的情况，建议总线平均负载控制在 30%以内。

4）冗余管理

冗余用来提高消息的可用性和（或）完整性。为支持系统需要的冗余，ARINC825中使用消息标识符的最低两位作为冗余通道标识符（RCI），来指示冗余消息的来源，见前述各种标识符结构的定义。这两位提供了最多 4 余度的冗余。如果系统要求多于 4 个余度通道，那么可根据需要将 RCI 字段扩展。

对于冗余传输系统的数据，要求每个节点单元都应为它发送到总线上的数据设置 RCI 值。接收单元必须对多通道上的有效数据进行核对，由此可以确定数据是否是最新数据，通常 RCI 字段有以下 3 种用法。

图 7-24 描述了一个具有 4 个不同类型设备的系统，每个接口都有 4 条冗余总线，其中 RCI 字段的编码作为总线冗余编码。该系统仅提供总线的冗余，设备没有余度。通过使用多条总线，提高了可用性；通过不同总线之间消息的对比，提高了完整性。

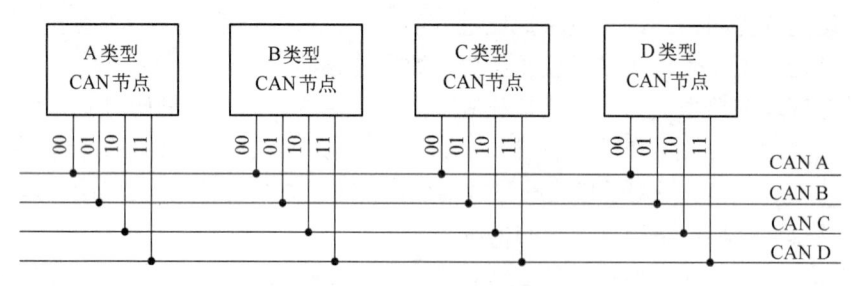

图 7-24 RCI 应用示例—情况 A

图 7-25 描述了在同一条 CAN 总线上属于同一类型（E 类型）的 4 个冗余对等节点的系统，其中 RCI 字段的编码作为设备冗余编码。与情况 A 不同，这种架构提供了设备的冗余，但是仅有一条总线。因此当总线失效时，系统就无法正常工作。

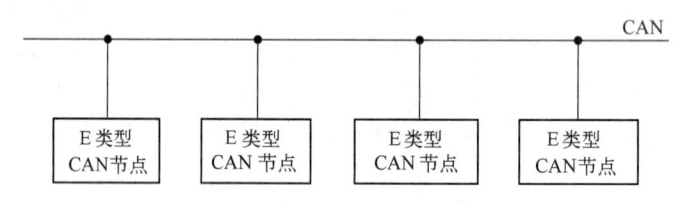

图 7-25 RCI 应用示例—情况 B

图 7-26 描述了一个所有的节点都是属于同一类型（F 类型），但是连接到不同的总线上的系统。在该系统中，既有总线冗余，也有设备冗余。

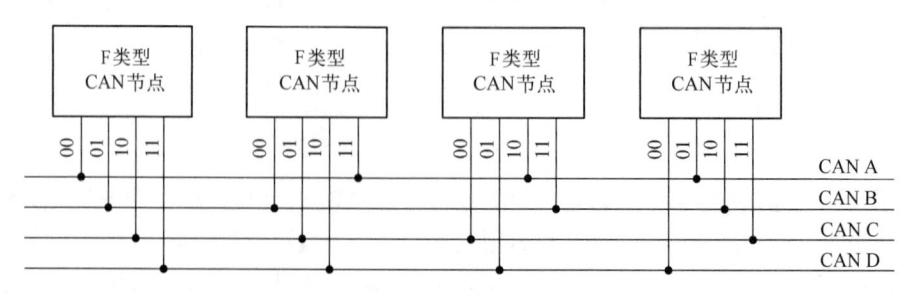

图 7-26 RCI 应用举例—情况 C

5）高完整性协议

完整性的一个方面是数据上的。CAN总线由于本身的错误检测和故障界定机制，因此具有很好的数据完整性。然而，考虑到机载设备的应用环境，例如高能粒子辐射可能造成单个或多个位的翻转，这些影响可以采用额外的保护机制来缓解。ARINC825中定义了高完整性协议，为每个高完整性的消息中添加1个序号和1个额外的完整性校验，使得接收方可以检测丢失的消息以及对消息的正确性进行校验。

完整性的另一个方面是时间上的，范围包括从该数据的产生到其被接收所经历的时间。如果应用需要时间上的完整性，则需要给消息添加一个时间戳。

这些高完整性消息用于NOC、UDC和EEC通道的一对多通信。在采用用户自定义节点服务的情况下，高完整性消息也可以用于NSC和TMC的点对点通信。高完整性协议提供了以下功能：

（1）伪装节点检查，CAN消息ID中出现随机错误。

（2）消息丢失检测，接收方通过检测消息序号来判断是否有消息丢失。

（3）数据段的位翻转，可以检查控制器中计算CRC之前出现的位翻转错误。

高完整性消息的接收方应维护所检测到故障的日志记录，并且响应总线上的故障记录请求。

为防止在CAN消息标识符和数据段中出现位翻转造成的故障，在消息发送之前，高完整性协议要求在数据负载中增加消息序号（SNo）和消息完整性检查（MIC），高完整性协议消息的格式如图7-27所示。

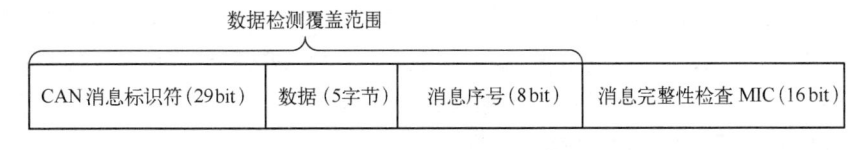

| CAN消息标识符（29bit） | 数据（5字节） | 消息序号（8bit） | 消息完整性检查MIC（16bit） |
|---|---|---|---|

数据检测覆盖范围

图7-27 高完整性协议消息的格式

其中，高完整性消息的标识符与前面的描述是一致的。由于消息序号和消息完整性检查分别占用了1字节和2字节，因此剩余的数据部分最多应该是5字节。如果数据长度大于5字节，那么数据应分成2次或多次进行发送，在接收方重新组合。高完整性消息可小于8字节，但是不允许小于3字节。

消息序号是基于每个消息标识符表示的该消息的编号，长度为1字节。消息序号的初始值为0，之后每次增加1。当该编号为255时，下一个消息的序号就会重新从1开始。序号0表示一个初始值或不被使用的序号。在特定消息ID的每一次数据发送之前，发送方应增加序号。如果消息序号是0，接收方应接收该消息，并将该消息标识符对应的消息计数重新复位。接收方应对收到的消息序号进行检查，以确保消息没有丢失。

高完整性消息使用了1个16位的CRC码进行消息完整性校验，对应的多项式如下：$X^{16}+X^{15}+X^{12}+X^7+X^6+X^4+X^3+1$，即0x90D9。消息完整性检查的范围包括CAN消息标识符、有效数据负载和消息序号。

接收方应该维护一个高完整性消息检测到的故障记录。这个故障记录应包括对所有高完整性消息检测到的故障总数，以及基于每个消息ID的记录。记录包括下面内容：

MIC 错误，无符号短整型；消息丢失，无符号短整型；消息序号为 0 的消息，无符号短整型。

如果错误计数器在它们被读出或复位之前就已经达到了其最大值，那么错误计数器应停止计数并保持计数的最大值。总线上的节点要求周期性地读取故障计数器的内容，错误计数值被读出之后清零。

## 7.6 典型应用

在 CAN 总线基本规范的基础上，针对航空领域应用要求的高层协议 CANaerospace 协议，在实时性、可靠性方面做了适应性改进，并考虑了航空领域的一些特殊要求，如安全、认证、协议的开放性等。国内外正在积极尝试将 CANaerospace 协议应用到直升机、客机和航天器等航空航天领域，目前已经得到了一部分应用。

Eurocopter 公司的全天候救援直升机，使用 CANaerospace 作为导航系统、飞行状态传感器和飞行员控制单元之间的接口；为了将 CANaerospace 总线应用于无人直升机系统，国内学者结合无人直升机系统应用的数据定义和测控带宽等问题，重新设计定义了 CANaerospace 的基本帧格式和数据标识号，提出一种适用无人直升机系统应用的 CANauh 协议。

ARINC825 标准可确保 CAN 设备的协同工作能力，同时可简化 CAN 子系统与其他机载网络的互操作性。ARINC825 已应用于一些简单系统的主干网，作为辅助网络引入 IMA 网络体系结构中，适合连接传感器、激励器或航空电子设备，为数据传输带宽小于 1Mb/s 的控制系统提供高容量的数据流和信息服务。ARINC 825 具有以下优势：

（1）容易实现本地 CAN 网络与其他机载网络的互联。

（2）执行成本和升级成本较低。

（3）CAN 连接的 LRU 具有较强的互操作性和可交换性。

（4）扩展灵活：容易增加、删除和更改总线节点，同时对其他 LRU 无不良影响。

（5）参数和块数据容易在系统间和网络之间传输。

（6）完善的错误检测和错误指示支持。

（7）支持系统级功能的实现，如机载数据加载和飞机健康管理。

# 第8章 总线测试系统

直升机机载总线技术在直升机航空电子系统综合化方面发挥着决定性作用,其稳定性和可靠性关乎整个航空电子系统的正常运行。直升机机载总线系统中任何一个重要部件的失效都有可能导致整个综合航电系统性能的降低甚至无法正常运行,严重时可能引发重大事故。总线测试技术是验证机载总线系统的安全性和可靠性的重要手段,对保证机载总线系统整体性能起着至关重要的作用。因此,研制直升机机载总线测试系统,适时开展直升机总线测试,及时发现并排除总线传输故障,对于保证直升机的良好状态,保障飞行安全意义重大。

## 8.1 测 试 目 的

总线测试的目的主要有以下3个方面:
(1)判断总线系统的工作状态,即能否及时可靠地传输各分系统间交换的信息,而不发生总线冲突、数据丢失等错误和不符合协议规范的情况。
(2)判断总线上的数据传输是否符合相应接口控制文档(Interface Control Document,ICD)的规定。
(3)在数据传输正确情况下,能发现总线系统存在的可能导致故障的不稳定状况。

## 8.2 主要测试内容及方法

### 8.2.1 电气性能测试

各总线的电气特性不同,电气参数的规定也不同,因此需要通过电气特性测试来判定总线的传输状态。波形测试是电气特性测试中的重要环节,当总线数据传输出错时,波形测试可为故障定位提供依据。波形测试包括幅值测量、频率测量、波形上升沿时间及下降沿时间等参数的测量。其他电气特性测试按照各总线标准要求执行。测量不同电气特性的指标,需采用不同的计算方法,如信号频率的测量需要在一段固定的时间范围内根据不同采样点的幅值确定信号的周期数,而信号的过零点判断则需要找出实际的过零点与理想过零点的差值,看差值是否超范围。

在非热备份的多余度总线系统中还可监测余度总线上是否有数据传输,如果余度总线上出现数据信号则说明主总线传输出现了故障。各总线协议对出现故障的原因解释不同,例如在1553B总线上启用备份总线,则表明主总线故障或一个连接在主总线上的RT故障且无法隔离,使主总线不能使用。

电气性能测试可以通过外接示波器实现，也可通过高速数据采集卡，配合数据采集分析软件构建自动测试系统实现。

### 8.2.2 噪声抑制测试

验证在噪声干扰环境下总线的正常工作能力。噪声对总线信号产生的影响应通过终端来测试。噪声抑制测试是让终端工作在含有某一频率范围内的、有效值固定的、附加的高斯噪声环境中，终端接收的所有字按规定核实后，计算它的最大字差错率。噪声源频率应选择终端可以顺利通过的范围内，频谱应尽可能平坦。同时，终端接收器和译码器的设计对测试结果有很大影响，所以测试结果是相对一定条件而言的。

噪声抑制测试可通过噪声测试仪实现。有一些功能完整的噪声测试仪，只需把要测试的终端接入测试仪中即可。如果只是噪声源，就必须通过总线的其他设备发送信息，然后计算接收设备的字差错率。

### 8.2.3 协议验证测试

用来验证总线系统各终端按协议完成通信的能力，可按照各总线协议对总线通信数据进行逐条验证。协议验证首先应该验证总线上各终端的公共操作能力。公共操作能力包括字的核实、传输连续性及总线活动监测、超时处理等。对于具有发送功能的终端应能按照指令或在指定的时间内发出正确的数据；对于具有接收功能的终端应能正确识别属于本终端的数据，一般通过识别终端地址或标号来判断，并正确接收数据。

协议验证测试的具体实施可以利用多功能总线板卡及相应的控制软件组成的仿真终端与需验证的终端进行通信，仿真终端接收数据并对通信过程进行分析后可确定所验证的终端按协议完成通信的能力。

### 8.2.4 故障注入测试

用来验证总线系统中各子系统对总线通信错误的辨别和处理能力。在总线各种通信类型中，对传输的消息注入各种可能出现的错误，然后观察接收端对错误的辨别和处理情况。故障注入测试包括物理层故障注入、电气层故障注入和协议层故障注入测试 3 种。故障注入一般有两种途径，即软件故障注入和硬件故障注入。软件故障注入通过修改内存、寄存器的内容或者程序来实现，优点是易于控制、成本低，缺点是不能真实地反映系统实际运行过程中所发生的硬件故障。硬件故障注入采用物理的方法实现系统的故障注入，是模拟硬件在实际运行过程中发生的故障。为快速、灵活地实现故障注入，保证注入的安全性，尽量不造成对总线的物理伤害，一般采用嵌入式故障注入方法。

## 8.3 测试流程

下面以协议验证测试为例进行说明，总线测试系统的通用测试流程如图 8-1 所示。

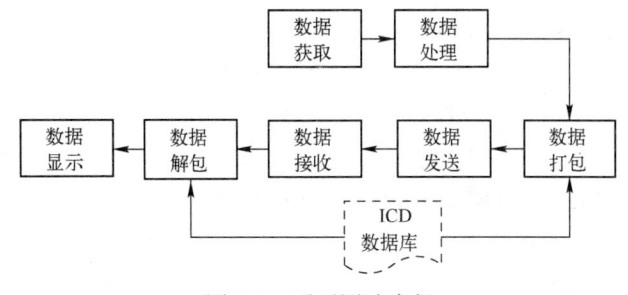

图 8-1 通用测试流程

（1）数据获取。从直升机与飞行环境仿真软件获取所需传输的数据，也可手动设置。

（2）数据处理。激励器对获取的数据进行一定的处理，得到需要发送的数据，此数据为计算机表示格式。

（3）数据打包。将计算机格式表示的数据按照相应总线的 ICD 文件打包成总线传输数据。

（4）数据发送。将打包好的总线数据发送到机载总线上，并记录发送的数据。

（5）数据接收。接收端从总线上接收总线数据并存储。

（6）数据解包。按照相应的总线 ICD 文件对总线数据进行解析，将总线数据解包为计算机表示格式的数据。

（7）数据显示。对接收和发送的数据进行对比及时延等分析，并进行直观显示。

## 8.4 关 键 技 术

总线测试技术涉及计算机、信号采集及处理、总线通信等相关技术，关键技术归纳起来主要有两个：一是故障注入技术；二是通用 ICD 设计技术。下面分别做简单介绍。

### 8.4.1 故障注入

故障注入是指按照事先设计的故障模型，采用某种策略人为地在目标系统中引入故障的方法，促使系统出现错误和失效，通过观察分析系统在出现故障之后的状态反应来对系统的可靠性进行评价。故障注入测试不仅能够获得解析模型所需要的覆盖率和数据参数，还能够独立应用于对容错系统的可靠性测评，获得可靠性度量的指标。

故障注入测试是总线测试的一个重要内容。为保证注入安全，不造成对原系统的损坏，故障注入测试一般选择在不改变提供激励源的测试设备与被测设备信号的前提下，通过挂接在总线系统中的故障注入单元来进行所需故障模式的配置，改变通信信号，实现在总线设备正常通信中实时加入各种故障的功能，如图 8-2 所示。

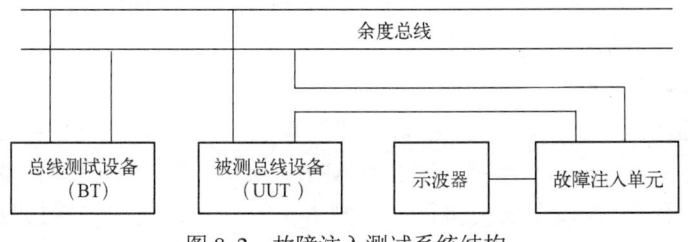

图 8-2 故障注入测试系统结构

根据总线的相关理论和经验，总线通信系统故障模式可分为物理层故障、电气层故障和协议层故障3个层面。物理层故障模式包括通断控制、短路控制、串行阻抗控制、并行阻抗控制，用以反映因总线挂接设备多、总线长度长、环境恶劣而引起的各种线路问题；电气层故障模式包括输出幅度调节、占空比调节、上升下降沿调节、信号延迟等来模拟输出异常信号的情况；协议层故障模式依据总线协议设计，不同的总线包含的内容不一样，主要包括诸如各种字的校验、同步错误等不符合协议的字的辨识能力。为保证对总线进行故障注入时，对总线系统造成的物理损害小，测试系统的故障注入单元采用嵌入式故障注入方法。嵌入式故障注入系统采用 ARM 等微处理，运行 VxWorks 实时操作系统，通过以太网与上位机进行通信。在上位机的控制指令作用下，由嵌入式系统执行数据采集和故障注入，嵌入式故障注入单元原理框图如 8-3 所示。

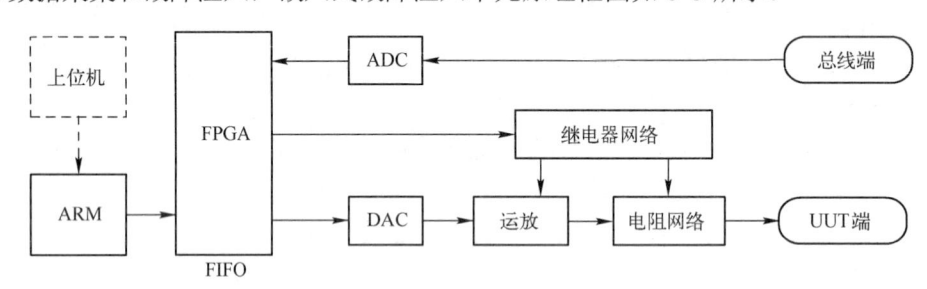

图 8-3　嵌入式故障注入单元原理框图

**1. 物理层故障注入**

总线信号由总线端进入故障注入设备，故障注入设备中的 ADC 进行信号的采样，交由 FPGA 进行处理，FPGA 根据 ARM 下达的指令控制继电器和电阻网络，改变 DAC 输出信号至被测总线设备端，实现总线信号的通断、短路和阻抗控制的故障模拟。

**2. 电气层故障注入**

总线数据首先经高速 ADC 采集后输入至 FPGA，FPGA 根据 ARM 下达的电气故障注入指令对延时定时器、DAC 和运放进行控制，通过对输出总线数据信号的修改，形成故障注入后的波形，实现电气故障的注入。

输出电压幅值调整通过 DAC 和运算放大器实现。通过对 DAC 输出的数字信号按比例缩放，实现对总线电压幅度的按比例缩放，模拟电压幅度改变故障注入。

输出信号占空比调整通过 FPGA 控制 DAC 来实现。FPGA 根据设定的占空比，控制 DAC 输出不同宽度的高低电平，模拟占空比故障注入。

输出信号的延迟则通过对 ADC 采样数据进行缓存的方式来实现。当 FPGA 收到信号延迟故障注入指令后，启动延迟定时器，同时将采样数据存储到先进先出的存储器 FIFO 中，定时器达到阈值后，数据才开始从 FIFO 的另一端输出至 DAC，由 DAC 恢复波形，从而模拟总线信号延迟故障注入。

**3. 协议层故障注入**

协议层故障注入基于不同的总线协议，通过判断 ADC 采样数据的持续时间和大小来实现。先依据协议解析出总线数据，如对于 ARINC429 总线，依据标号、源/目标标识码、数据区、符号/状态矩阵及奇偶校验位的不同占位特征，判断出传输信息的类型，解析

ARINC429 总线数据；而对于 1553B 总线，由于同步头位占 1 个半比特位，明显比消息位和奇偶校验位宽，因此可判断出同步头位，包括命令字的同步位和数据字的同步位，进而判断出之后的消息位和奇偶校验位，从而实现对整个 1553B 总线上传输数据的解析。再对解析出的数据进行故障注入，经 DAC 产生注入故障后波形，从而模拟协议层故障注入。

例如，在 1553B 总线上进行命令字奇偶校验故障注入时，FPGA 先判断出消息的同步头位，分析 ADC 采集到的同步头是否为由高到低的命令字同步头，再向后 17 位到达奇偶校验位，将奇偶校验位上的采集点数据反转后，再由 DAC 输出，最终达到改变奇偶校验位，实现命令字奇偶校验故障的注入。

### 8.4.2 通用 ICD 数据库设计

尽管各总线在结构特点、数据字格式、传输机理上都存在较大的差异，但是对于总线标准协议层的测试一般都采用基于 ICD（Interface Control Document）数据库与总线接口板相结合的方法。首先，根据总线系统中所有被测航电设备的规范开发出航电系统 ICD 数据库，然后总线测试系统通过相应总线接口板从总线上实时采集总线数据，将采集的数据同总线 ICD 数据库相比较，以判断总线数据的正确性。

ICD（接口控制文档）是通用航空总线测试系统的核心，它给出了系统规范中所定义的电气和电子接口的详细说明，定义了航空电子系统之间的接口和航空电子与非航空电子系统之间的接口。在总线测试过程中，必须根据 ICD 数据库中的数据描述对系统采集到的所有总线数据进行分析，以快速准确地判断数据的正确性。作为系统设计的顶层文件，接口控制文档已成为航空电子系统规范的重要组成部分，也是对系统进行综合性能优劣评价的依据。随着多总线技术在航电系统上的广泛应用，原来针对单一总线设计的 ICD 数据库已不能很好地满足测试系统的需要，因此研究设计多总线通用 ICD 数据库是未来总线测试系统的方向和目标。

**1. ICD 的组成及特点**

航空电子系统的接口控制文档通常十分庞杂，它包含了一整套总线系统数据的定义。ICD 可分成块（Blocks）和信号（Signals）两个部分：块是在串行通信总线上的接口，定义了航空电子系统中各个子系统间的接口规范，每个块有唯一的标志，必须至少包含一个信号；信号是用于外场可更换单元（LRU）之间传输信息的最小数据单位，在接口控制文档中必须定义所有信号的属性，包括数据类型、单位、传输速度、传输间隔、传输延迟等。信号的定义在航空电子系统的接口控制文档中占有较大的比重。每个信号有唯一的标志，不允许反馈，在点到点连接的单总线结构（如 ARINC429 总线）中每个信号有一个信号源和一个目的地址，在多路总线结构（如 1553B 总线）中每个信号可以有一个信号源和多个目的地址。

**2. 通用 ICD 数据库设计方法**

传统的 ICD 数据库设计方法是对使用同一种航空总线进行连接的所有被测设备设计一套专用 ICD 数据库。这种 ICD 设计方法设计航空总线测试系统开发周期短，当航空电子设备确定后，可以很快地设计出被测设备的 ICD 数据库。但是，由于存在多种不同的航空总线标准，各种航空总线标准无论在电气特性还是在传输格式上互不兼容，采取这种ICD设计方法设计的航空总线测试系统一般很难被重复使用，当有新型号装备的测试任务时，必须重新设计一套适应新型号航空电子设备的ICD数据库及相应的航空总线测试系统。

通用ICD数据库设计方法的核心思想是设计出一种统一ICD数据库结构，通过这种ICD数据库结构将各种航空总线标准的接口定义统一到一起，从而形成一个支持多种航空总线标准接口定义的ICD数据库。对比不同机型各种总线类型的ICD数据库文件，可以看出它们都遵循"航电子系统—消息块—信号—离散域"的四层级结构规范。传统的ICD数据库把航电子系统与总线绑定在了一起，即在航电子系统一级描述了总线设备属性信息，使其为某种类型总线专有。因此，要设计通用航电系统ICD数据库，就必须将上层的功能应用层与底层的传输总线解耦，将传统ICD中航电系统一级中关于总线电气特征、属性以及消息列表的信息剥离出来，写入总线配置文件，并在其中规定好功能应用层与总线的映射关系。这样，功能应用层在对ICD进行解析的时候，就可以将数据解析与总线配置加载分离开来，实现功能应用层与总线传输层的隔离。通用ICD数据库结构如图8-4所示。

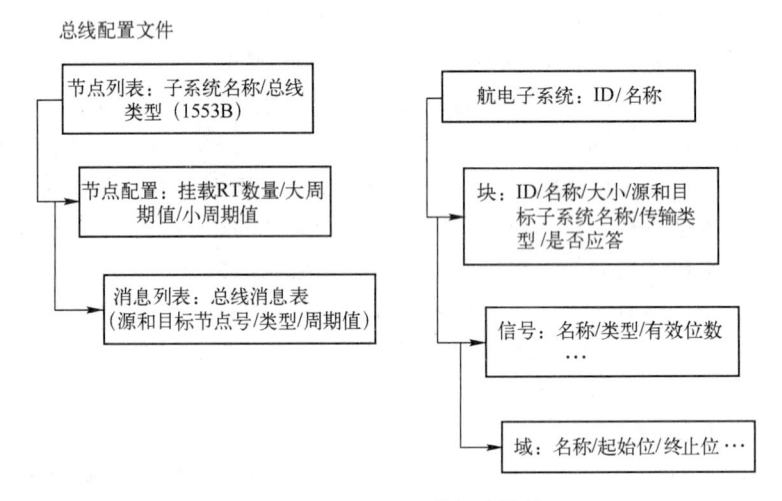

图8-4 通用ICD数据库结构

图中，总线配置文件是功能应用映射到总线（如1553B总线）的配置属性信息。总线配置文件中，节点列表层描述了功能应用与总线映射关系，可以通过更改总线类型属性将功能应用与各类型总线灵活对应；节点配置层描述了总线设备的相关配置（1553B总线则指明了挂载的RT设备数以及大周期、小周期值等信息）；消息列表层描述了节点的消息收发列表（1553B总线规定了总线节点间传输的消息格式），消息数据包含了消息的源和目标节点号，消息类型等信息。

通用ICD数据库设计可以确保当功能应用层需要适配多种不同类型的总线时，应用层软件可依据总线配置文件中功能应用与传输总线的映射关系，灵活获取功能应用的总线配置信息，而无须更改应用层中与数据帧格式解析相关的代码。实现时，主要通过总线通用通信接口向上层提供通用的ICD配置加载和总线对象初始化接口函数实现。当新增总线设备类型时，只需要将新增的总线配置属性信息添加到总线配置文件后面，并规定好功能应用与其之间的映射关系，并将该总线的接口库中的配置加载函数添加到总线通用通信接口初始化模块，以完成新类型总线对象的创建、添加，这样应用层就可以在不做任何修改的情况下完成对新增总线的通用化配置的读取和对象的创建，满足测试系统通用性、灵活性和可扩展性要求。

## 8.5 总线测试系统分类

根据总线测试系统测试对象的范围不同，可以将总线测试系统分为专用总线测试系统和通用总线测试系统两大类。

**1. 专用总线测试系统**

专用总线测试系统是指专门测试某种特定类型总线的测试系统。由于机载总线种类较多，且各总线在电气特性、拓扑结构、数据传输格式等方面存在很大的差异，因此各种机载总线测试系统的测试内容和方法也不尽相同。目前，国内各种机载总线测试系统通常都是针对某种特定类型的总线来设计其测试系统，如针对 ARINC429 总线的专用测试系统、针对 1553B 总线的专用测试系统，以及针对交换式全双工以太网 AFDX 的专用总线测试系统等。专用测试系统的优点是开发周期短，缺点是功能单一、通用性差。

**2. 通用总线测试系统**

通用总线测试系统是指能测试多种类型总线的测试系统。当前机载总线网络已经发展成为多种异构总线并存的通信系统，且不同的总线系统之间还存在大量的数据交互，民用直升机主要采用 ARINC429 总线，但军用直升机却大量采用 ARINC429 总线和 1553B 总线，甚至在某些新型的直升机航电系统中还同时应用了 ARINC429 总线、1553B 总线和 AFDX 总线等多种总线。传统的专用总线测试系统显然不能满足新的多总线测试的需求，因此，研制通用总线测试系统，实现对多种总线的测试，是未来直升机机载总线测试系统的发展趋势。通用测试系统的优点是通用性和扩展性强，缺点是开发周期长。

## 8.6 总线测试系统设计

### 8.6.1 系统架构

总线测试系统一般采用如图 8-5 所示的分层开放式架构。硬件层主要包括各类总线接口卡、处理器及可选的总线故障注入单元和电气特性测试单元。总线接口卡与被测总线相连，用于数据交互，处理器为测试系统的控制核心。故障注入单元用于总线故障注入测试。电气特性测试单元主要为示波器，通过示波器实现总线电气特性测试，也可采用高速数据采集卡，采集总线信号后，通过软件进行自动测试与分析。软件层按照每个模块的功能以及模块之间的调用顺序又可细分为驱动层、功能层与交互层 3 个层次。

驱动层是软件层和硬件层之间的桥梁，软件层直接通过驱动层提供的硬件驱动 API 函数来实现总线数据的收发，从而使得软件开发人员不用关注硬件细节。

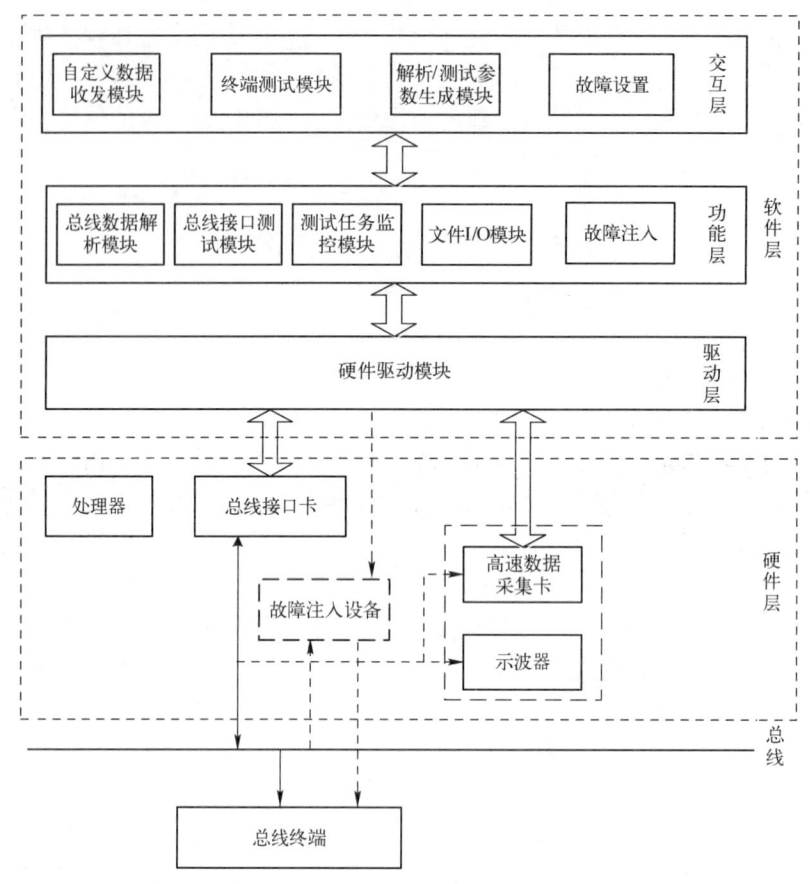

图 8-5 总线测试系统架构

　　功能层由总线数据解析模块、总线接口测试模块、测试任务运行监控模块、文件 I/O 模块和故障注入模块等组成。总线数据解析模块主要完成对采集/存储的总线数据进行解析，并以直观方式进行显示；总线接口测试模块主要完成对总线测试参数的读取，调用板卡驱动完成总线数据的收发测试；测试任务运行监控模块完成对测试任务的监控，包括测试任务的开始、结束及测试任务进行的时间及测试次数记录等；文件 I/O 模块则完成配置文件、测试数据、解析数据等文件和数据的保存与读取；故障注入模块实现对设置故障的注入。

　　交互层主要提供软件的人机交互接口，包括自定义总线数据的收发、总线终端测试、解析/测试参数生成及故障设置等模块。用户自定义总线数据收发模块根据用户的设置自定义收发总线数据；解析/测试参数生成等模块根据用户输入完成测试参数和解析参数的生成；总线终端测试模块通过模拟收发总线数据完成对总线终端设备的总线接口测试；故障设置模块根据需要设置需要注入的故障。

　　底层硬件与上层软件之间相互分离，底层模块通过该层的接口为上层模块服务。通过这种分层开放式架构的设计，不同层次的模块可以同时进行独立开发，开发者之间只需要对每个层次之间的接口进行约束即可，然后各个层次之间的模块通过接口耦合起来从而实现整个系统的功能。分层开放式架构同时也保障了软件系统的可扩展性与可维护性。对于可能在新机型任务中的新需求（如增加 ARINC429 接口测试的交互协议类型等），开发者只需要按照系统的层次结构对需求进行定位，然后在对应层次（功能层）上进行二次开发即可完成功能的扩展。

### 8.6.2 专用总线测试系统

专用总线测试系统一般采用以下两种设计方法：一种是采用基于嵌入式系统设计的手持设备，即采用单片机、DSP 或者单板机等作为微处理器，小尺寸液晶屏幕和键盘作为人机界面。这种总线测试系统体积小、应用灵活，能很好地满足外场使用需要，但价格较高、功能较单一。另一种是采用工控机或专用 PXI/VXI 等测试机箱搭载相应的总线接口卡，在 LabVIEW 或 VC 环境下编写总线测试应用软件实现。这种总线测试系统一般功能强大、界面友好，但由于体积大，不适合外场使用。

**1. ARINC429 总线测试系统**

图 8-6 给出了一种基于 PC104 嵌入式工业计算机和 ARINC429 接口卡的 ARINC429 总线便携式测试系统设计方案。其硬件主要由机箱、PC104-Plus 单板机、ZHHK429-PC104-Plus 板卡、工业级触控彩色显示屏及键盘等组成。

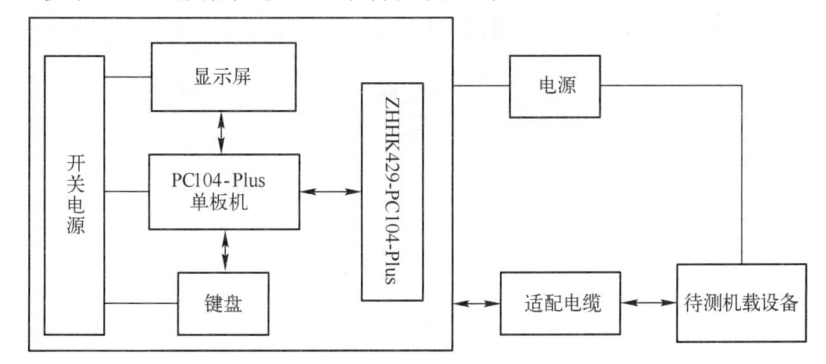

图 8-6 ARINC429 总线便携式测试系统设计方案

ZHHK429-PC104-Plus 板卡是一款双通道 ARINC429 总线数据收发接口板，其硬件结构如图 8-7 所示，板卡采用 PC104-Plus 接口，提供标准的 DLL 驱动，支持多语言开发平台。板卡使用前，需要通过跳线手动配置基地址。

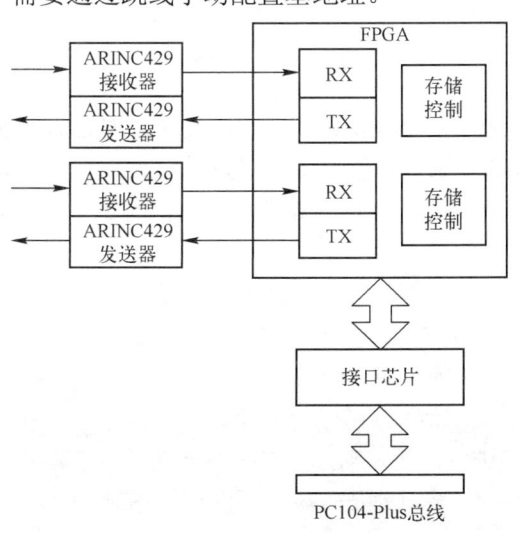

图 8-7 ZHHK429-PC104-Plus 板卡硬件结构

该测试系统采用 PC104-Plus 单板机作为系统的控制核心，在单板机的控制下，通过控制 ZHHK429-PC104-Plus 板卡，实现对机载电子设备数据的模拟输出及故障信息的查询。系统与机载电子设备的总线数据交互通过特定的适配电缆来实现。液晶屏和键盘主要用于人机交互、完成参数的设置、收发数据的显示等。电源模块为系统各模块的运行提供电源。

系统软件主要由应用软件及管理软件组成。应用软件主要实现通信系统的上层管理、设置及数据收发和消息的解析，如初始化、参数设置、通道选择、数据收发和测试结果分析及显示等。通过系统仿真 ARINC429 总线数据在不同状态下的数据传输过程及通信机制，获取并分析系统内部的总线数据传输流程，实现对机载设备的状态监控与分析。软件界面采用对话框形式，利用列表框显示设备信息、总线数据信息，为便于测试，用户也可通过下拉列框调用数据库中预置的机载设备参数，实现对数据信息的二次定制。管理软件主要实现对系统数据库及检测记录的管理。

为了保证对机载设备数据接收的实时性，板卡总线数据接收采用中断的方式进行，并将接收结果送入数据分析模块进行数据分析及结果显示，其流程如图 8-8 所示。

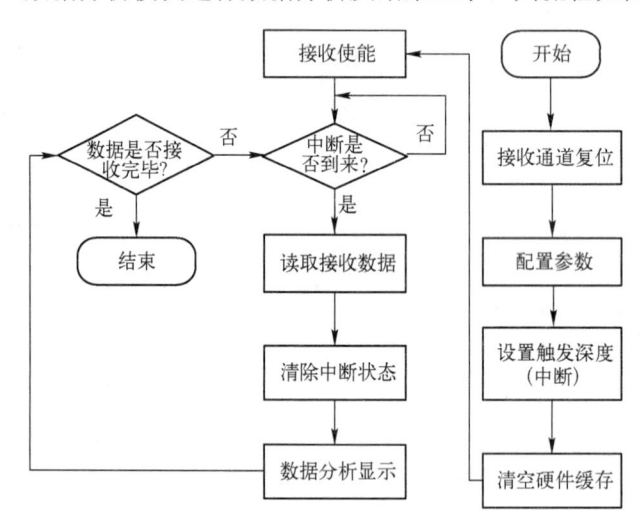

图 8-8　总线中断触发接收流程

板卡能提供正常发送、字定时发送和帧定时发送 3 种总线数据发送模式，鉴于机载设备对于总线数据接收的要求，一般采用正常发送模式，其流程如图 8-9 所示。

接收时，依据特定机载设备的通信协议，按预置的协议标号对数据进行接收，每完成一个周期的数据接收，便进行数据记录和解析，同时进行下一周期的数据接收。通过数据解析完成对特定机载设备的状态监控及分析。数据解析时，先进行标号判断，再按照 BNR/BCD/DISC/AIM/MT 数据字解析模块，解析出该数据字所反映的具体信息，送液晶屏进行显示。解析流程如图 8-10 所示。

BCD 数据字解析子模块流程如图 8-11 所示，模块读取解析参数和总线数据，对输入的 ARINC429 数据字进行解析。对于 BCD 格式的数据字解析主要完成如下工作：对 BCD 数据进行十进制转换，乘上其分辨率，再根据 SSM 值解析出符号位含义，最后加上单位。

图 8-9 正常数据发送流程

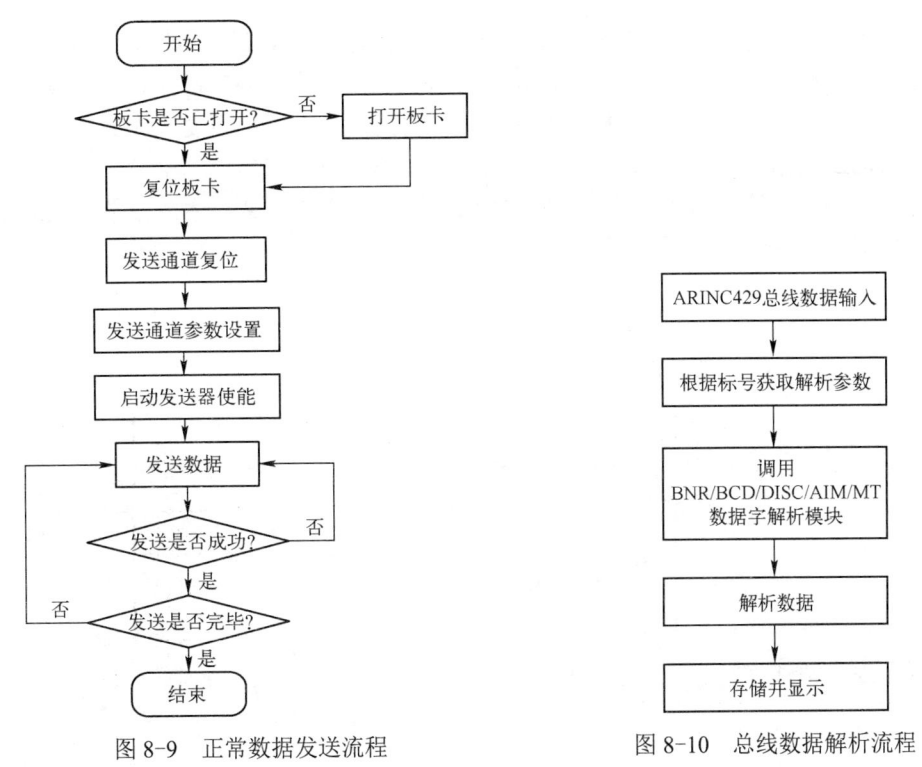

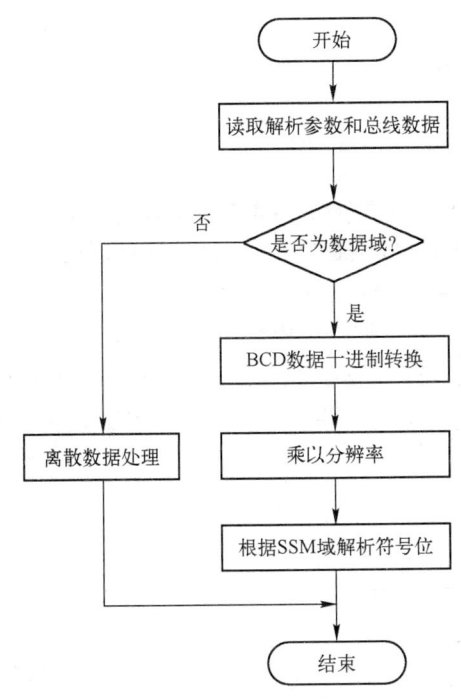

图 8-10 总线数据解析流程

图 8-11 BCD 数据字解析子模块流程

BNR 数据字解析子模块流程如图 8-12 所示，模块读取解析参数和总线数据，对输入的 ARINC429 数据字进行解析。对于 BNR 格式的数据解析与 BCD 格式的解析类似：如果数据的终止位为 28 位并且 29 位为 1，则将数据域的补码数据转换为原码，反之则不转换。处理后的数据按位计算并求和，再根据 SSM 值解析出符号位含义，最后再加上单位即可。

DISC 数据字解析子模块流程如图 8-13 所示，模块读取解析参数和总线数据，对输入的 ARINC429 数据字进行解析。对于 DISC 格式的数据解析主要完成如下工作：判断是否为 BCD 数据字和 BNR 数据字的未用位表示的离散数据字，如果是，按照离散位进行解析；否则为离散数据字，从离散参数里面提取相应的含义描述，如果是表述不需要解析的数据，则直接写入到输出中。

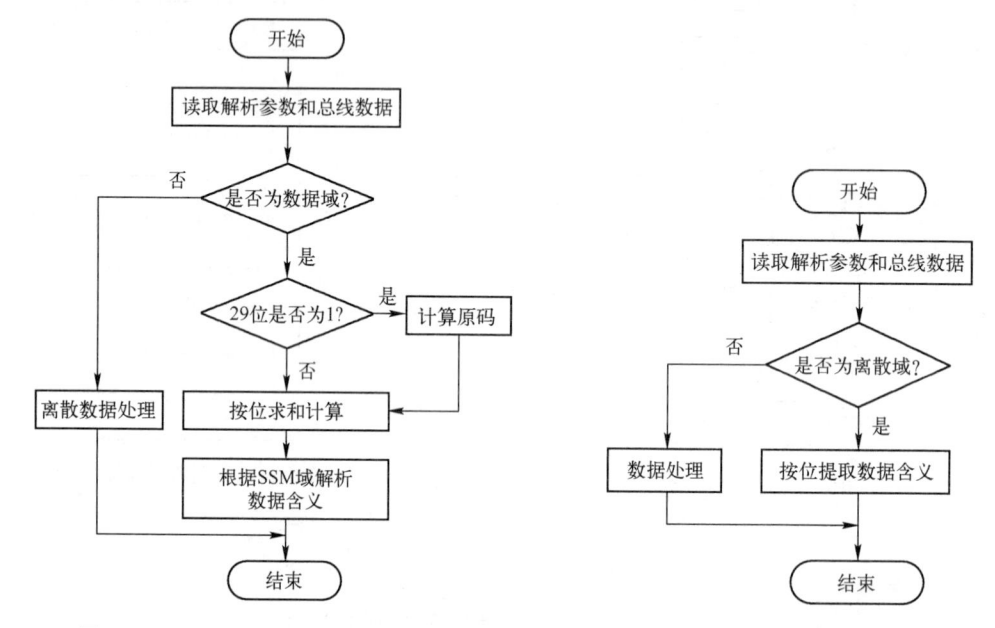

图 8-12　BNR 数据字解析子模块流程　　　　图 8-13　DISC 数据字解析子模块流程

AIM 格式 ARINC429 数据字解析子模块流程如图 8-14 所示，模块读取解析参数和总线数据，对输入的 ARINC429 数据字进行解析。AIM 格式的数据解析主要根据解析参数的起始位，读取数据再根据 ISO 5 号字母表解析即可。

MT 格式 ARINC429 数据字解析子模块流程如图 8-15 所示，模块读取解析参数和总线数据，对输入的 ARINC429 数据字进行解析。MT 格式的数据解析比较简单，其每一位表示一种子设备/系统的状态，只要读入解析参数根据数据直接解析即可。

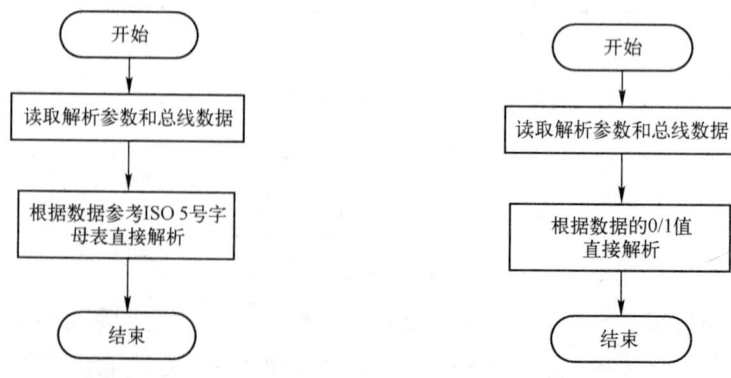

图 8-14　AIM 数据字解析子模块流程　　　　图 8-15　MT 数据字解析子模块流程

## 2. 1553B 总线测试系统

图 8-16 所示为一种基于 VXI 测试机箱和 1553B 总线接口卡的 1553B 总线测试系统设计方案，其硬件主要由工控机，VXI 机箱，多功能和多通道 1553B 总线接口板卡，用于信号监测的多通道数字示波器板卡，用于信号切换的多路单刀双掷开关模块以及继电器矩阵模块等组成。

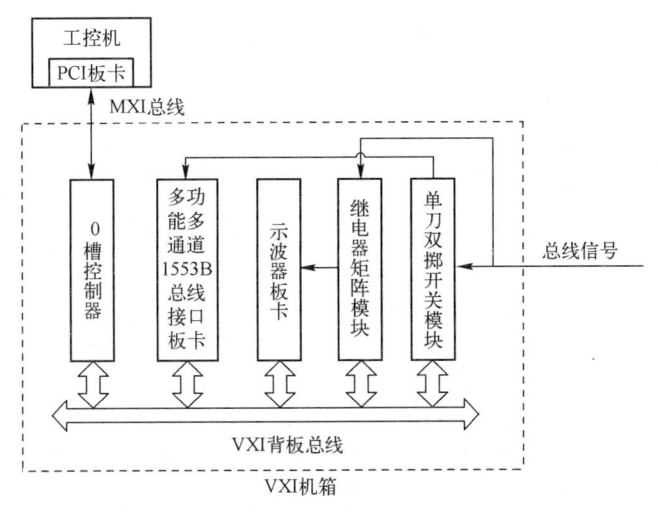

图 8-16　1553B 总线测试系统设计方案

测试软件通过 LabVIEW 软件平台开发，主要由测试管理模块、硬件资源管理模块、数据管理模块、数据分析模块、错误处理模块和显示模块等组成，各模块由测试管理模块统一调度和配置。测试软件还需与 1553B 总线接口控制文档（ICD）数据库交互完成数据验证。为满足总线测试的实时性要求，测试系统软件采用多线程技术，将 1553B 总线的测试分为波形测量线程和数据传输测试线程。

波形测量主要用来实现对 1553B 总线电气特性测试。波形测量通过数字示波器板卡对总线信号进行采集、存储，再通过软件进行分析。测量的电气参数必须满足 1553B 总线波形要求，根据实际测量值对波形品质做出整体评价。

1553B 总线对波形的要求如下：
（1）波形的过零点与相对前一过零点的理想位置间的最大偏差为±150ns。
（2）峰-峰值在变压器耦合状态下应为 0.86～14.00V。
（3）上升沿和下降沿时间在 100.0～300.0ns。
（4）线间电压波形的任何畸变，包括过冲与瞬时扰动，峰值应在±900.0mV 内。

总线数据传输测试利用设为 BM 模式的通道从 1553B 板卡中读取封装成结构体的消息数据块，通过对消息中断状态字的判定，确定总线数据的传输状态；通过调用接口控制文档（ICD）库信息与数据进行对比，判断数据是否符合 ICD 文件的规定。在此基础上，经过进一步分析和故障诊断后，即可确定总线及各子系统的工作状态。总线协议处理部分如各种消息的识别、状态的判断均在 1553B 板卡底层实现。1553B 总线数据传输测试的主流程如图 8-17 所示。

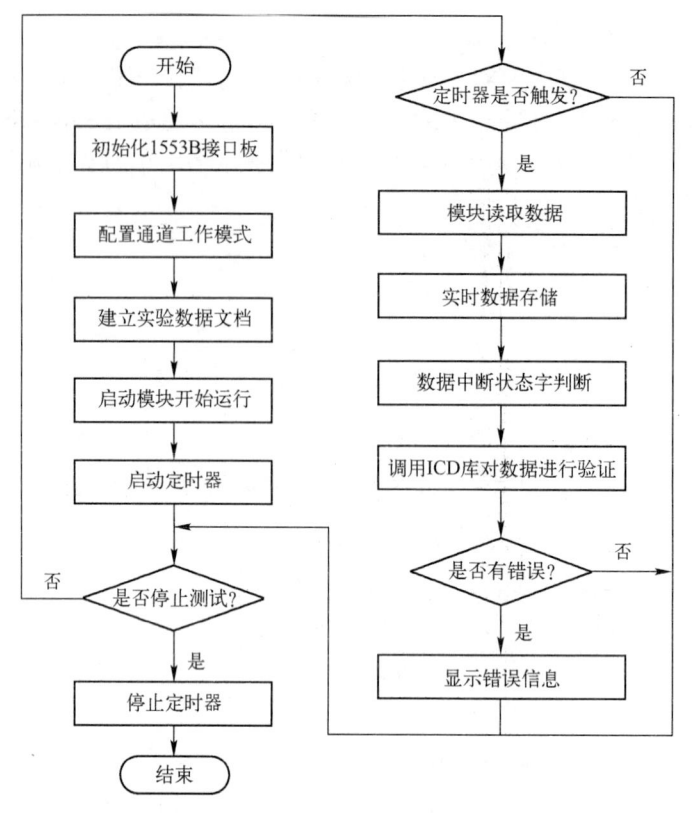

图 8-17　1553B 总线数据传输测试主流程

### 8.6.3　通用总线测试系统

在总线测试系统的通用性设计方面，国内已有研究人员做了一些工作，包括总线硬件层面、通信层面以及总线监控界面的通用性设计等。通用总线测试系统一般采用基于通用 ICD（接口控制文件）的设计思想。即通过分析各种航空总线系统 ICD 的定义，开发一个与底层总线数据采集卡相隔离的总线 ICD 数据库，所有总线系统数据的定义都按特定的规范进行定义并存储，这样就使得 ICD 数据库的定义不再紧密依赖于特定的总线数据采集卡。基于通用 ICD 的总线测试系统有效地克服了专用测试系统的缺点，已经成为数据总线测试的发展方向。这种系统只需根据 ICD 数据库的不同，即可实现系统动态配置。

图 8-18 给出了一种通用总线测试系统结构。其主要由主控模块、ARINC429 总线接口板、1553B 总线接口板、AFDX 总线接口板、RS422/485 总线接口板、CAN 总线接口板等组成。主控模块运行测试软件，实现测试任务配置、ICD 管理、测试运行过程管理、测试数据后处理等功能；ARINC429 总线接口板、1553B 总线接口板、AFDX 总线接口板、RS422/485 总线接口板、CAN 总线接口板可以实现相应总线数据的接收和发送。

为了实现测试软件的通用性，平台软件设计采用分层开放式框架和抽象化 ICD 数据库文件方式，实现系统软件与总线接口板卡硬件分离及对不同总线 ICD 文件的适应性。系统软件分为驱动层、应用层和解析层，如图 8-19 所示。

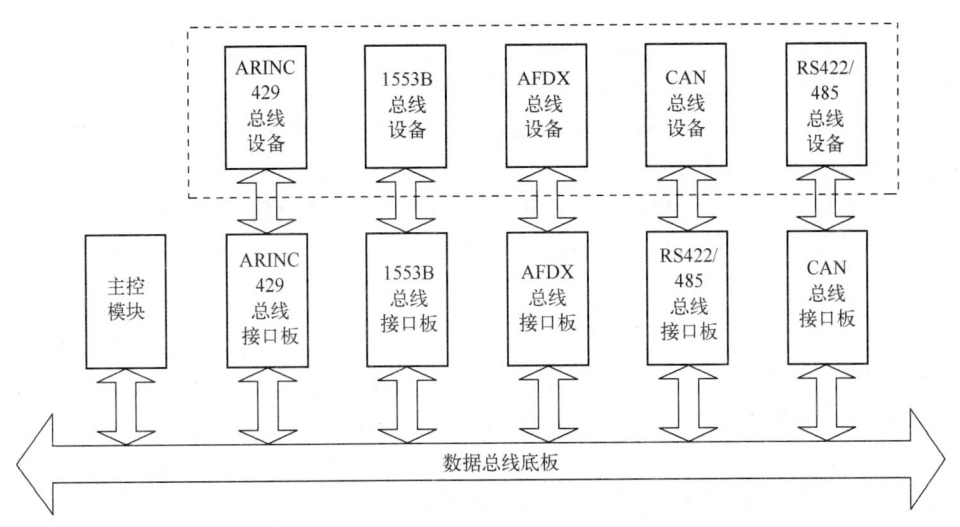

图 8-18 通用总线测试系统结构

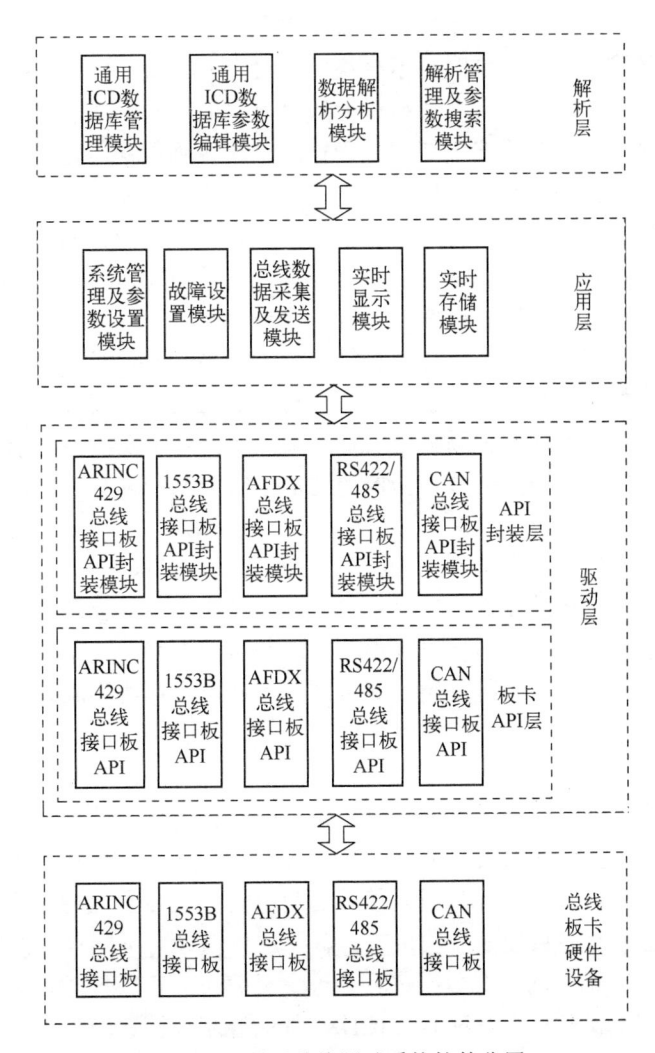

图 8-19 通用总线测试系统软件分层

驱动层为系统平台软件与总线接口板硬件提供一个统一友好的数据接口，是实现总线协议层通用统一的保障。驱动层针对不同总线接口板分别开发，对不同硬件可分别驱动。驱动层软件负责完成对测试系统中各类总线接口板等硬件的管理，因此硬件的差异将在该层软件的 API 封装层中消除，从而保证应用层软件对总线接口板的透明调用。对于不同生产厂商生产的总线接口板，遵循不同的标准，没有统一的 API 接口提供用户使用，因此需要从软件设计上屏蔽这些差异。为了将这些差异的影响减至最小，该层软件采用双层软件结构。底层是板卡原始 API 函数，这一层由各板卡厂商提供。虽然不同生产厂商的板卡原始 API 函数差别较大，但是基本上都遵从板卡初始化\板卡配置\板卡通道配置\板卡启动\开始采集（发送）数据\结束采集（发送）数据的模式。驱动层上层软件负责按照应用层软件通信协议要求对这些原始 API 函数进行封装，将原始板卡 API 函数的差异在这一层消除。这样一来对于不同总线的不同的数据接口卡，主要的工作量集中在重新开发对相应板卡的 API 封装层。对该软件平台的其他模块不会产生影响，从而使系统软件达到了通用扩展的目的。

应用层主要由五大功能模块组成，即系统管理及参数设置模块、故障设置模块、总线数据实时采集及发送模块、实时显示模块和实时存储模块。应用层软件主要为用户提供友好的人机交互界面，为各种总线提供参数设置界面；与驱动层进行交互，保证平台可以实时采集、显示；按照用户设置模式，输出总线激励数据，完成对被测航电设备的激励；实时存储记录被测总线数据以供解析层模块分析数据使用。应用层软件设计的关键是实时性。实时性是对所有总线测试设备的基本要求，是所有的总线测试操作的基础，总线测试系统必须具备实时透明地进行数据采集、记录、发送、响应总线消息的能力。为提高系统实时性，可采用以下措施：

（1）时间驱动方式与事件驱动方式相结合。为满足测试要求，测试系统中采用时间驱动和事件驱动两种驱动方式相结合的方式。对于那些实时性需求较低、需要按定时完成的任务采用时间驱动方式，如周期定时刷新页面等；对于实时性需求较高如各通道中采集到的数据帧采用事件驱动方式，当监控通道中采集到一帧数据时，产生一个事件等待程序进行实时响应。

（2）实时数据存储。由于频繁写硬盘操作会带来较大时间开销，为了不影响系统运行的实时性，总线测试系统软件启动时，首先锁定一块物理内存，以保证这块物理内存区不会被操作系统换页。软件运行过程中，将总线接口卡缓冲区中的数据取出并放到被锁定的内存块中，同时测试系统采用中断机制，当锁定内存块将满时，通过内存映射机制将内存中的所有数据映射到临时文件中。

（3）驱动层软件与应用层软件协同。由于测试系统硬件平台主板硬件资源有限，为保证系统数据采集、记录的实时性，驱动层软件应对总线数据进行初步整合，并按照与应用层通信协议，将整合好的数据按特定格式写入相应位置，减少平台主板硬件压力。

解析层由通用机载 ICD 数据库管理模块、通用机载 ICD 数据库编辑模块、数据解析分析模块、解析管理及参数搜索模块组成。解析层可以针对不同总线按照用户导入或在线编辑的 ICD 文件对记录的总线数据进行物理含义解析。由于不同总线 ICD 文件差异较大，因此解析层软件应充分考虑对不同 ICD 文件的通用性及适应性。当前，所有直升机航电设备各子系统间总线通信都是根据 ICD 文件规定进行的，ICD 是总线测试分析的基础。针对不同直升机，只要剥离出ICD文件中关于总线电气特性与传输的格式信息，写入总线配置数据库，并根据软件需求，调用数据库中相应配置（如物理量的意义、比例关系、物理量的单位等），就可以完成对相应直升机总线ICD文件的解析。解析层软件就是以这个ICD数据库为核心，面向用户进行数据解析与显示。解析层软件针对不同直升机，通过用户导入形式，将测试直升机设备ICD文件导入数据解析数据库文件。所有直升机设备总线数据的定义都按特定的规范存储在这个数据库中，该数据库包括各种总线数据物理量的意义、比例关系、物理量的单位、有无符号位、编码形式、故障代码、离散量信息等相关信息。对总线测试系统进行解析时，直接把要记录的总线数据与ICD数据库对照，查找出其对应关系与逻辑。对于总线测试系统来说，针对某种特定总线数据，由于ICD内容的任何更改都只是ICD数据库中特定数据项的变化，而不是ICD数据库结构的变化，所以针对不同直升机航电系统，只需用户导入或手动编辑修改不同直升机航电系统ICD数据库相应数据项，即可完成对该系统内设备总线数据物理含义的解析。

# 参 考 文 献

[1] SPITZER C R，等. 数字航空电子技术[M]. 肖刚，程宇峰，译. 上海：上海交通大学出版社，2019.
[2] 蒲小勃. 现代航空电子系统与综合[M]. 北京：航空工业出版社，2013.
[3] 牛文生. 机载计算机技术[M]. 北京：航空工业出版社，2013.
[4] 熊华刚. 先进航空电子综合技术[M]. 北京：北京航空航天大学出版社，2009.
[5] 支超有. 机载数据总线技术及其应用[M]. 北京：国防工业出版社，2009.
[6] 王勇. 机载计算机系统[M]. 北京：国防工业出版社，2008.
[7] 王勇. 机载计算机软件[M]. 北京：国防工业出版社，2008.
[8] 王勇. 航电综合互连技术[M]. 西安：空军工程大学，2017.
[9] 王勇. 机载航电总线[M]. 西安：空军工程大学，2018.
[10] 滑朋杰. 航空总线技术[M]. 北京：陆军航空兵学院，2017.
[11] 杨建新. 机载数据总线[M]. 青岛：海军航空工程学院，2009.
[12] 金德琨. 民用飞机航空电子系统[M]. 上海：上海交通大学出版社，2011.
[13] 田泽. 航空专用集成电路[M]. 北京：航空工业出版社，2013.
[14] 滑朋杰. 直升机综合显示控制系统[M]. 北京：陆军航空兵学院，2020.
[15] 丛伟. 综合航空电子系统总体技术[M]. 北京：国防工业出版社，2015.
[16] 霍立平. 航空电子系统与综合[M]. 青岛：海军航空大学出版社，2018.
[17] 梁青阳. 综合航空电子系统原理[M]. 长春：空军航空大学出版社，2019.
[18] HB6096-86.SZ-01 数字信息传输系统[S]. 北京：航空航天部，1986.
[19] 周波，张磊. 基于 K7 的高速 FC 物理层的设计和实现[J]. 光通信技术，2015（10）：59-62.
[20] 唐宁，常青. 航空数据总线技术分析研究[J]. 现代电子技术，2014，37（4）：64-69.
[21] 逯计划. 机载总线技术发展研究[J]. 电子测试，2017（7）：72-73.
[22] 赵长啸，等. 面向风险均衡的 AFDX 虚拟链路路径寻优算法[J]. 航空学报，2017，38（x）：321435.
[23] 张英静，熊华钢，刘志丹. 可用于航空电子系统的时间触发以太网[J]. 电光与控制，2015（5）：49-53.
[24] 刘帅，等. TTE 通信技术在混合安全关键系统的应用[J]. 航空计算技术，2013，43（2）：120-122，127.
[25] 苗佳旺，等. AFDX 网络系统测试设计与实现[J]. 计算机测量与控制，2018，26（5）：33-36，41.
[26] 李芇博. FC 航空电子测试接口的研究与实现[D]. 西安：西安电子科技大学，2014.
[27] 刘海光，等. 运载火箭数据总线技术发展概述[J]. 载人航天，2013，19（6）：84-90.
[28] 李炳乾，等. 光纤通道信用更新驱动的流量与差错控制机制[J]. 计算机工程，2016（7）：49-53.
[29] 王亚琦. 时间触发以太网节点卡的 FPGA 设计与实现[D]. 成都：电子科技大学，2017.
[30] 施雯雯，等. 基于 FPGA 的千兆级 AFDX 端系统设计与实现[J]. 航空电子技术，2018（1）：52-55.
[31] 李雯，王世奎，等. AFDX 端系统技术时延测试方法设计与实现[J]. 测控技术，2014，33（5）：105-107.
[32] 尹程. 基于 FPGA 的光纤接口和 CPCI 总线通信[D]. 哈尔滨：哈尔滨工业大学，2015.
[33] 王勇，李炳乾，刘达. IMA 系统 ICP 光纤通道接口板设计与实现[J]. 计算机工程，2016，42（12）：66-72.

[34] 黄林达．PCI+Express-FC 协议高速数据传输模块的设计[D]．成都：电子科技大学，2015．

[35] 田泽，徐文龙．FC 光纤通道技术研究综述[J]．电子技术应用，2016，42（9）：143-146．

[36] 刘迎欢．ARINC 429 协议和与之对应的俄罗斯标准的比较[J]．航空电子技术，2002，33（1）：11-15．

[37] EP-H6272 用户手册[EB]．成都恩菲特科技有限公司，2009．

[38] 何锋．机载网络技术基础[M]．北京：国防工业出版社，2018．

[39] 张颖．AFDX 网络数字化仿真平台技术研究[D]．西安：西安电子科技大学，2015．

[40] 田泽．航空专用集成电路设计理论与工程实践[M]．北京：航空工业出版社，2013．

[41] 廖治宇．通用 ARINC429 总线分析测试仪的软件设计[D]．成都：电子科技大学，2013．

[42] 周胜明，赵育良．基于 ARINC429 总线的某型机载设备便携式检测设备[J]．海军航空工程学院学报，2017，32（3）：302-306．

[43] 乔军．基于 DSP 的 ARINC429 总线技术研究与实现[D]．南京：南京航空航天大学，2010．

[44] 马存宝，朱媛婷，宋东．航空总线通用测试方法研究及应用[J]．计算机测量与控制，2009，17（10）：1880-1882．

[45] 彭寒，等．一种通用机载数据总线测试系统设计方法[J]．电子设计工程，2018，26（12）：20-25．

[46] 申鹏亮，等．基于 ICD 的通用化航电测试软件研究[J]．测控技术，2013，32（11）：124-127．

[47] 聂磊，冯金富．ARINC429 总线的故障注入测试方法[J]．电光与控制，2014，21（10）：85-88．

[48] 连盟，李学锋．1553B 总线故障注入测试方法研究[J]．航天控制，2012，30（2）：84-88．

[49] 张光宇，杜承烈．通用航空总线接口控制文档设计[J]．测控技术，2007，26（7）：48-49，52．

[50] 郭兴华，罗智林，等．通用航空总线测试分析系统设计[C]．2014 第二届中国指挥控制大会，2014：566-568．

[51] 刘兆洋．航电网络通用通信接口设计与实现[D]．成都：电子科技大学，2018．

[52] 杨春杰，王曙光，亢红波．CAN 总线技术[M]．北京：北京航空航天大学出版社，2009．

[53] 李真花，崔健．CAN 总线轻松入门与实践[M]．北京：北京航空航天大学出版社，2010．

[54] 陈长胜，范祥辉，邱征．民用飞机机载总线与网络[M]．上海：上海交通大学出版社，2019．

[55] 刘艳强，邹极．CANaerospace——航空机载设备通信总线协议[J]．测控技术，2005，24（2）：46-48．

[56] 吴一坤．CANaerospace 协议探究及设计应用．舰船电子对抗[J]．2019，42（3）：112-115．